U0449685

高效记忆

助力学习与考试的记忆法

EFFICIENT MEMORY

朱选好 著

中国纺织出版社有限公司

内 容 提 要

你怎样理解记忆？它在我们的学习、工作和生活中扮演怎样的角色？本书将带领读者开启高效记忆的神秘之门，从高效记忆的原理、过程，到高效记忆的七种必学方法（身体定桩法、人物定桩法、标题定桩法、数字定桩法、地点定桩法、连锁串联法和情景画面法），再到高效记忆的必备工具——思维导图，条分缕析，最后结合学科学习、赛场竞技与生活应用，引导读者学以致用，活学活用。让读者在运用科学方法解决实际难题的过程中，领略高效记忆的奇妙之处，体会其在提高学习效率，促进个人发展，增强自信心与创造力等方面的作用。

图书在版编目（CIP）数据

高效记忆：助力学习与考试的记忆法 / 朱选好著. 北京：中国纺织出版社有限公司，2025.5. -- ISBN 978-7-5229-2440-3

Ⅰ．B842.3

中国国家版本馆CIP数据核字第20258WQ605号

责任编辑：郝珊珊　　责任校对：寇晨晨　　责任印制：储志伟

中国纺织出版社有限公司出版发行
地址：北京市朝阳区百子湾东里A407号楼　邮政编码：100124
销售电话：010—67004422　传真：010—87155801
http://www.c-textilep.com
中国纺织出版社天猫旗舰店
官方微博 http://weibo.com/2119887771
鸿博睿特（天津）印刷科技有限公司印刷　各地新华书店经销
2025年5月第1版第1次印刷
开本：710×1000　1/16　印张：12
字数：170千字　定价：58.00元

凡购本书，如有缺页、倒页、脱页，由本社图书营销中心调换

目录 CONTENTS

001 CHAPTER 1 第一章 高效记忆入门

第一节	图像是高效记忆的基础	003
第二节	高效记忆的过程	003
第三节	记忆的分类	005
第四节	声音记忆、逻辑记忆与图像记忆	006
第五节	转化、联结、定桩	009
第六节	科学复习对抗遗忘	012

015 CHAPTER 2 第二章 100%高效记忆的方法

第一节	身体定桩法	017
第二节	人物定桩法	020
第三节	标题定桩法	022
第四节	数字定桩法	024
第五节	地点定桩法（记忆宫殿）	032
第六节	连锁串联法	037

第七节　情景画面法　　　　　　　　　　　　　　045

特别篇1　数字编码表　　　　　　　　　　　　051

057 CHAPTER 3
第三章
高效记忆的工具——思维导图

第一节　思维导图的原理　　　　　　　　　　　059
第二节　思维导图的制作　　　　　　　　　　　060
第三节　思维导图的作用和思维方式　　　　　　061
第四节　用思维导图分析一本书　　　　　　　　063
第五节　用思维导图背诵文章　　　　　　　　　064
第六节　用思维导图记单词　　　　　　　　　　069
第七节　思维导图在理科中的应用　　　　　　　071

075 CHAPTER 4
第四章
高效记忆法的学科运用

第一节　用情景画面法记忆七言绝句　　　　　　077
第二节　用地点定桩法记忆《古朗月行》　　　　079
第三节　用数字定桩法记忆《琵琶行》　　　　　081
第四节　用字头歌诀法记忆五言绝句　　　　　　084
第五节　用关键词串联法记忆《观沧海》《行路难》　086
第六节　用动物定桩法记忆《弟子规》部分篇章　088

第七节	用汽车定桩法记忆《陋室铭》	091
第八节	用连锁串联法记忆现代诗文	092
第九节	用连锁串联法记忆政治知识点	097
第十节	用高效记忆法记忆历史知识点	098
第十一节	用高效记忆法记忆地理知识	101

109 第五章
用高效记忆法记忆英语单词

第一节	全脑图像记单词	111
第二节	单词记忆常见方法	121
第三节	字母编码表	125
第四节	单词记忆示例	132
第五节	词根词缀法记单词	147

155 第六章
世界记忆锦标赛

第一节	世界记忆锦标赛简介	157
第二节	世界记忆锦标赛破解	159

特别篇2 高效记忆法的生活应用 173

第一章
高效记忆入门
CHAPTER 1

第一节　图像是高效记忆的基础

人类在诞生之初，并没有发明文字。当一个人看到一只兔子，他并不知道它叫兔子或者rabbit；当一个人看到一棵小树，他也不知道它叫小树或者tree；当一个人看到河流时，他同样不知道这叫河流或者river。人类在最初时只是凭借脑海中的图像去记忆，而这种记忆效果非常好。原始人去很远的地方打猎回来，可以在没有任何路标或者导航的条件下记住路线，而我们现在的人别说离不开卫星导航，有的人甚至连一个稍微大一点儿的小区都转得云里雾里。随着文明的推进，人类发明了文字。于是人类就直接去记忆文字，结果往往记不住，因为这违背了人类最原始的记忆习惯——图像记忆（在整个人类发展史上，人类使用文字记忆的时间才几千年，而图像记忆的时间有几万年）。

世界上真正的记忆高手（如世界记忆大师或者《最强大脑》选手）记东西时，其实都是利用了图像记忆的原理。无论是记忆数字、扑克还是二维码、指纹等，都是在脑海中进行加工并转化成图像去记忆的。

所以，本书中介绍的记忆法基本都离不开图像记忆，如连锁串联法、定桩法等。

第二节　高效记忆的过程

记忆是过去的经历在人脑中的反映，是一种复杂的心理活动。记忆的过程包括识记、保持、再现（再认和回忆）三个基本环节。

识记是感知信息并在脑中留下印象的过程，是整个记忆活动的开始阶段。依据事先有无目的，可将识记分为有意识记和无意识记。保持是信息的编码与储存。从信息处理的角度来说，再认和回忆都可以归入信息搜索的范畴。这样，所有的记忆基本都要经过以下历程。

1. 把需要记忆的材料转化成图像编码

既然记忆靠的是图像，那么我们就要先把需要记忆的材料转化成图像，也就是所谓的编码。例如，"23XO74SD9307呐喊3979MD"是一串毫无规律的数字、字母和词语组合，死记硬背肯定很吃力，但是我们把这些数字转化成编码（图像）就会方便记了：

23——和尚；XO——XO酒；74——骑士；SD——SD卡；93——旧伞；07——锄头；呐喊——喇叭；39——三舅；79——气球；MD——麦当劳。

2. 找"记忆宫殿"

①桌子；②花瓶；③电视机；④花盆；⑤窗台；⑥冰箱；⑦台灯；⑧名画；⑨沙发靠背；⑩沙发。

3. 把图像编码放在记忆宫殿里

①想象桌子上有个和尚；

②想象花瓶里有瓶XO酒；

③想象电视机里播放骑士打仗的场面；

④想象花盆里有好多SD卡；

⑤想象窗台上有把旧伞；

⑥想象有个人拿着锄头砸冰箱；

⑦想象台灯上有个喇叭（代表呐喊）；

⑧想象名画上画的是三舅；

⑨想象沙发靠背上有很多气球；

⑩想象沙发上有个麦当劳图标。

4. 把编码从记忆宫殿里提取出来

接下来，我们要回忆房间里不同位置的图像编码都是哪些。

5. 把编码翻译成原来的记忆材料

最后，把这些图像编码转化成原来需要记忆的材料。

第三节　记忆的分类

前面我们分析了记忆的过程，接下来给大家介绍一下记忆的分类。

1. 有意识记忆 vs 无意识记忆

按照心理活动是否带有意志性和目的性进行划分，可以将记忆分为有意识记忆和无意识记忆。

有意识记忆，也称外显记忆，是指那些可以通过意识努力回忆起来的记忆，通常涉及对过去事件的详细回忆，包括事实、事件、个人经历和情感等。

无意识记忆，也称内隐记忆，是指那些不通过意识努力就能影响行为和反应的记忆，这种记忆类型通常是自动的，不需要意识的参与，与技能、习惯和条件反射有关，如骑自行车、打字等。

2. 短时记忆 vs 长时记忆

按照记忆的保持时间长短，可以将记忆分为短时记忆和长时记忆。

短时记忆是指个体在接收到信息时能够意识到的，并能保持20秒左右的记忆。生活中，我们听到一串电话号码后，可以凭记忆按下电话号码，可是打完电话你完全记不起电话号码了，这就是运用了短时记忆。

短时记忆经过复习后就会转为长时记忆，如果不加复习就会遗忘。长期记忆的保持时间是1分钟以上，甚至终生不忘，所以也叫永久记忆。我们生活中所用的知识就来自长时记忆。

第四节　声音记忆、逻辑记忆与图像记忆

人人都希望拥有最出色的记忆力，都希望自己的记忆力能够充分满足自己学习、工作和日常生活中的需求，如果按记忆效率来划分，那么记忆可以

从低到高划分为三种境界，其实也就是三种记忆方式。

第一种，声音记忆：死记硬背，最常用却效率最低。

第二种，逻辑记忆：只记住规律，不记而记。

第三种，图像记忆：快速高效的记忆方式。

1. 声音记忆

我们从小到大，面对大量信息，例如文章、单词等，大多是靠反复读来记忆的，正所谓"读书百遍，其义自见"。但是这种记忆方式效率太低。一方面，反复读需要花费大量时间；另一方面，这种死记硬背纯粹是熟能生巧，一旦长时间不复习，很容易忘记。尤其是英语单词，有很多学生记忆英语单词是一个字母一个字母读的，反复读了很多遍才勉强记住。例如"application"（应用，申请），对于这个单词，很多学生会读记"a、p、p、l、i、c、a、t、i、o、n，应用，申请"。但是由于每个字母之间没有任何规律，所以时间长了很容易忘记。

其实，死记硬背的记忆方式就是靠声音记忆。无论是记忆单词、文章、古诗还是手机号，回忆的时候，脑海中都是有声音的，但是这些声音往往没有节奏感、杂乱无章，很容易忘记。

2. 逻辑记忆

逻辑记忆也可以叫作理解记忆。比如记忆数学公式、化学公式、物理公式时，由于我们本身对这些公式有比较深的理解，所以可以达到不记而记的效果。

逻辑记忆只适用于非常有规律的记忆材料。只要记忆材料有着并不很复杂的规律，那么无论这些材料的内容是多还是少，我们所需要记忆的都仅是其中所蕴含的规律。

因此，逻辑记忆方法在面对那些非常有规律而又非常大量的记忆材料时，就会显示出其强大的威力，我们根本不需要管这些资料到底有多少，只需要记住其中简单的规律就可以了。在回忆或者应用的时候，我们只需要根据这个简单的规律，就可以把所有的资料都准确无误地复述出来。

例如，记忆下面这三组数字：

1、3、5、7、9、11、13、15；

2、4、6、8、10、12、14、16；

2、4、8、16、32、64、128。

只要稍微看一下，我们就会发现：第一组是奇数，第二组是偶数，第三组后面的数是前面的2倍。如果你找到这些规律，就可以很快地记住这三组数字。

找出排列的规律，就不需要一个个数字去记，而只需要记住这些规律就行了。特别是在数字非常多，但规律又很简单的时候，逻辑记忆能够充分显示出它的优势。当然，逻辑记忆仅限于记忆那些非常有规律的资料，而大部分情况下，记忆的材料都是没有规律的，这个时候逻辑记忆就派不上用场了。

3. 图像记忆

我在本书开篇就诠释了高效记忆的基础——图像。图像记忆的基本原理，就是把所有需要记忆的材料通过各种方式转化为生动具体的图像，然后运用联想法、定桩法等方法来记忆它们。

例如，记忆下面这些没有规律的词组，通过死记硬背记下来很难，但是用图像记忆就很容易记住：

画画、袋子、白天鹅、地板、孙悟空、公交车、打火机、葡萄、珍珠、菜盘、大厦、的士、护士、香水、荷花、小草、大熊猫、轮船、韭菜、皮鞋。

图像记忆：想象我在画画，画了一个袋子，袋子里钻出一只白天鹅，白天鹅飞到地板上，地板上有孙悟空，孙悟空去坐公交车，捡到一个打火机，打火机上画的是葡萄，葡萄变成了珍珠，砸到了菜盘，把菜盘送到大厦去，回来坐的士，的士里面有个护士，护士在喷香水，香水喷到了荷花上，荷花旁边有很多小草，草丛里有一只大熊猫，大熊猫去开轮船，轮船上长了很多韭菜，韭菜长在皮鞋上。

你可以尝试着回忆这些画面，通过画面，很容易就能回忆起这些词语。这就是图像记忆的高效性。

图像记忆有三大方法：联想法、编码法、定桩法。有效运用这三种方法，再抽象、复杂的记忆材料，都能被快速转化。

第五节 转化、联结、定桩

高效记忆的三大步骤是：转化、联结、定桩。

转化：将需要记忆的信息转化成图像编码。

联结：让两个或以上的图像编码发生联系。

定桩：将这些图像编码放在桩上。

1. 转化

我们进行信息转化的目的是让信息变得"看得见"，从而方便我们进行图像记忆。具体来说，就是把信息中的抽象词转化为形象词，从而方便我们将其图像化。转化之前我们还要做一个动作，叫作信息处理。

信息处理的方法很简单，就是把所有的信息进行筛减，去除自己基本能够记住的、没有必要转化的信息，保留那些自己认为重要的、不太容易记住的信息。

信息转化的方法主要有替换法、谐音法、字义法和歇后语法。

（1）替换法。

替换法的本质就是联想，联想就是由一个东西想到另一个东西。我们是怎么由一个东西想到另一个东西的呢？答案是：相似、相近、相同、相反、特征。

例如：武汉——黄鹤楼；北京——天安门；新西兰——奶牛；英雄——武松；胆小——老鼠；平等——天平；复杂——一团乱麻；日本——富士山。

通过以上几个路径，很容易找到要转化的图像。

（2）谐音法。

谐音就是字的读音相同或者相近。怎么找谐音呢？方法有：改变声调、改变声母、改变韵母、加字、减字、拆分等。

例如：波什——博士；大唐——糖；马鞍山——马鞍。

（3）字义法。

字义法是指不管词语本来的含义是什么，我们只根据字面意思将其转化成具体的图像。

【例】

矛盾：本义是指事物互相抵触或排斥，但为了方便想象，我们可以取字面上的意思，即"矛"和"盾"，古代的两种兵器。

邯郸学步：比喻模仿别人不成，反把自己的东西忘了。我们可以想象一个人在河北邯郸模仿别人走路，结果把自己原来走路的方式忘了。

如虎添翼：比喻强有力的人得到帮助变得更强大。我们可以想象老虎长出了翅膀。

（4）歇后语法。

歇后语通常有趣、生动，在日常生活中应用较为广泛。对于一些抽象词语，我们可以用歇后语的方法进行想象。

【例】

韭菜拌豆腐——一清二白：我们要记忆"一清二白"这个词语，就可以想象"韭菜拌豆腐"的画面。

泥菩萨过江——自身难保：我们要记忆"自身难保"这个词语，就可以想象"泥菩萨过江"的画面。

再举三个歇后语，请大家自己尝试着想象画面。

孕妇过独木桥——挺（铤）儿（而）走险。

哑巴吃黄连——有苦说不出。

黄连树下唱小曲——苦中作乐。

2. 联结

联结的方法一般有普通联想、逻辑关系、想象创造关系、编故事、编歌诀等。

快速记忆法里所说的联结，不是一般意义上的联结，而是两个图像之间的联结，即两幅图合并后产生一幅新图。

请注意：要让两幅图产生关系！

（这一步没有理解就会出现联想很累、记忆步骤烦琐的感觉。）

以下是可供参考的联结规则：

（1）注意顺序，第一个在前，第二个在后，顺序不要颠倒。

例如，哥哥和北京，可以说哥哥去北京，不可以说北京有哥哥。

（2）两个图像编码要紧密相连。

例如，凳子和老鼠，可以说凳子砸老鼠，不要说凳子旁边有老鼠。

（3）两个图像编码尽量大小一致，不然容易忘记那个较小的编码。

例如，故宫和八戒，可以想象八戒和故宫一样大，也可以想象故宫是个模型，和八戒一样小。

（4）两个编码大小差异太大时，要把较小编码的数量想多一点。

例如，蚂蚁和大象，可以想象很多蚂蚁在大象身上爬；蝌蚪和马路，可以想象很多蝌蚪在马路上爬。

（5）可以把动物、植物拟人化。

例如，兔子和城堡，可以想象兔子在修城堡。

（6）不要把一个编码制作成另一个编码。

例如，沙子和汽车，不能说沙子做的汽车。

（7）不要把一个编码比作另一个编码。

例如，眼睛和鸡蛋，可以说眼睛里放着两个鸡蛋，但不可以说眼睛像鸡蛋。

（8）编码之间两两相连，不要跳跃式连接。

3. 定桩

在记忆大量资料时，不可以把图像无限制地联结下去。一来是回忆速度慢，二来是一旦中间忘了，后面的图像就回想不起来了，所以要分段。而定桩就是因此产生的。

定桩法有很多种，罗马房间法（记忆宫殿）是最早出现的定桩方法。初学者必须学会的方法有：身体定桩法、人物定桩法、标题定桩法、数字定桩法、地点定桩法（记忆宫殿）、连锁串联法、情景画面法。

第六节　科学复习对抗遗忘

要想高效记忆，掌握科学的记忆方法只是其中一方面，要想长久记忆某些材料，我们还需要遵循科学的复习规律。这里给大家讲一个有关人类遗忘规律的知识——艾宾浩斯遗忘曲线。

德国心理学家**艾宾浩斯**（Hermann Ebbinghaus）研究发现，遗忘在学习之后立即开始，而且遗忘的进程并不是匀速的：起初遗忘的速度很快，之后逐渐减慢。他认为"保持和遗忘是时间的函数"，他用无意义音节（即由若干字母组成，能够读出但无实际意义的非词）作为记忆材料，用节省法计算记忆保持和遗忘的数量，并将实验结果绘成描述遗忘进程的曲线，即著名的艾宾浩斯遗忘曲线。

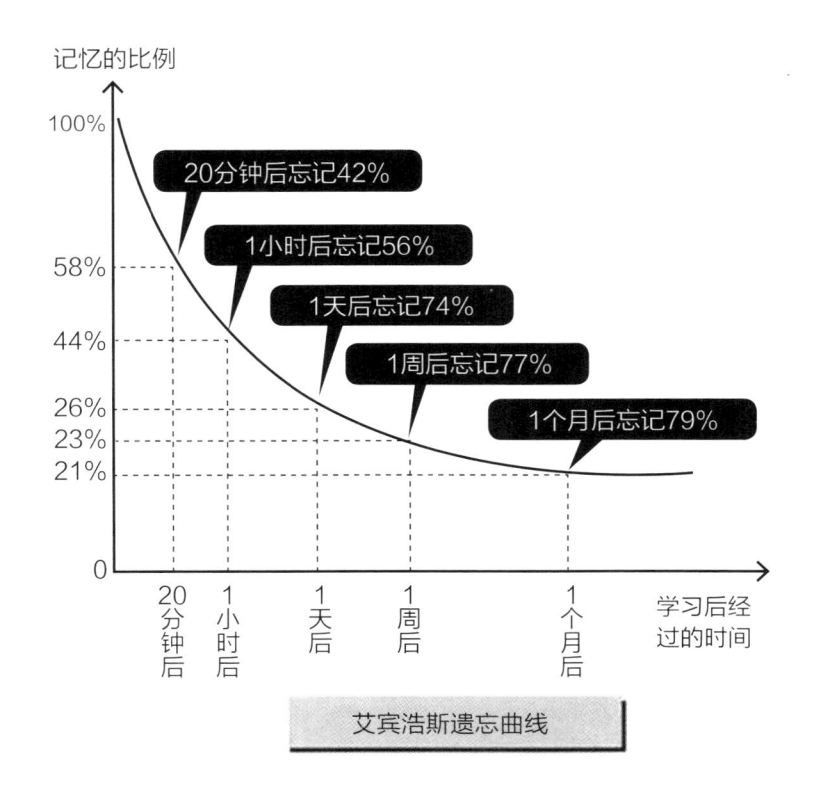

艾宾浩斯
（1850~1909年）

艾宾浩斯遗忘曲线

- 20分钟后忘记42%
- 1小时后忘记56%
- 1天后忘记74%
- 1周后忘记77%
- 1个月后忘记79%

这条曲线告诉我们，在学习中，遗忘是有规律的，遗忘的进程不是匀速的，不是固定的一天忘掉几个，转天又忘几个，而是遵循"先快后慢"的原则，过了相当长的时间后，几乎就不再遗忘了，这就是遗忘的发展规律。观察这条遗忘曲线，你会发现，学得的知识如不抓紧复习，在一天后就只剩下原来的26%了。随着时间的推移，遗忘的速度减慢，遗忘的数量也逐渐减少。有人做过一个实验，让两组学生学习同一段课文，甲组在学习后不久进行一次复习，乙组不进行复习。一天后，甲组的平均记忆保持量为98%，乙组的平均记忆保持量为56%；一周后，甲组的平均记忆保持量为83%，乙组的平均记忆保持量为33%。乙组的遗忘平均值明显比甲组高。

因此，对于需要长久记忆的材料，我们要做到科学复习。虽然科学的记忆方法可以提高你的记忆速度，也能提高你记忆的长久性，但是如果要做到永久记忆，必须进行一定的复习。当然，比起死记硬背，这个复习量就小很多了。

第二章

100%高效记忆的方法

CHAPTER 2

第一节　身体定桩法

定桩法是指预先在脑海中找到很多有固定顺序的桩，然后把需要记忆的每个信息与相应的桩联系起来，从而记忆大量信息的方法。

桩的特点：①熟悉；②有序。

常用的定桩法有身体定桩法、人物定桩法、标题定桩法、数字定桩法和地点定桩法。

我以前每次做讲座时都会问学员一个问题：请问你记得十二星座吗？结果几乎没有人能够一口气全部说出来。十二星座明明是我们非常熟悉的东西，为什么说不出来呢？其实这就说明我们记忆东西时没有运用记忆法，而是死记硬背，信息单元之间没有任何联结，回忆时没有线索，所以记得很乱且容易忘。

1. 记忆十二星座

首先，在自己身体上从上到下找12个部位，分别是：头（发）、眼睛、鼻子、嘴巴、脖子、肩膀、胸膛、肚子、大腿、膝盖、小腿、脚；然后，将这12个部位分别对应每个星座：

①头（发）——白羊座；

②眼睛——金牛座；

③鼻子——双子座；

④嘴巴——巨蟹座；

⑤脖子——狮子座；

⑥肩膀——处女座；

⑦胸膛——天秤座；

⑧肚子——天蝎座；

⑨大腿——射手座；

⑩膝盖——摩羯座；

⑪小腿——水瓶座；

⑫脚——双鱼座。

最后，一一进行联想、想象：

头（发）：头发很白，想到白羊座；

眼睛：眼睛闪闪发光，想到金牛座；

鼻子：鼻子有两个孔，想到双子座；

嘴巴：嘴巴吃了一只巨大的螃蟹，想到巨蟹座；

脖子：狮子捕猎先咬脖子，想到狮子座；

肩膀：有个仙女在给我按肩膀，想到了处女座；

胸膛：我的胸膛上挂着一个秤砣，想到天秤座；

肚子：肚子很痒，有一只从天上掉下来的蝎子在我肚子上爬，想到天蝎座；

大腿：大腿上插着一支箭，想到射手座；

膝盖：摩羯谐音"魔戒"，膝盖被魔戒套得很紧，想到摩羯座；

小腿：小腿像水瓶，想到水瓶座；

脚：脚像两条鱼，想到双鱼座。

你记住了吗？能正背、倒背、抽背、点背吗？

2. 记忆古诗文《满江红·写怀》（宋·岳飞）

怒发冲冠，凭栏处、潇潇雨歇。抬望眼，仰天长啸，壮怀激烈。三十功名尘与土，八千里路云和月。莫等闲，白了少年头，空悲切。

靖康耻，犹未雪。臣子恨，何时灭？驾长车，踏破贺兰山缺。壮志饥餐胡虏肉，笑谈渴饮匈奴血。待从头、收拾旧山河，朝天阙。

译文：我怒发冲冠，独自登高凭栏远眺，阵阵风雨刚刚停歇。我抬头远望天空一片高远壮阔，禁不住仰天长啸，一片报国之心充满胸怀。三十多年的功名如同尘土，八千里经过多少风云人生。好男儿，要抓紧时间为国建功立业，不要将青春空空消磨，等年老时徒自悲切。

靖康年间的奇耻大辱，至今还没有洗雪。我作为国家臣子的愤恨，何时才能泯灭啊！我要驾上战车，踏破贺兰山口。我满怀壮志，发誓吃敌人的肉，喝敌人的鲜血。待我重新收复旧日山河，再带着捷报向国家报告胜利的消息。

记忆：

头发：头发竖起来了，就想起了"怒发冲冠"；

眼睛：眼睛想起"抬望眼"；

鼻子：鼻子上面全是灰尘，想起了"三十功名尘与土"；

嘴巴：嘴巴在哭泣，想起了"空悲切"；

脖子：郭靖的脖子很粗，想起了"靖康耻"；

肩膀：臣子在按摩肩膀，想起了"臣子恨"；

胸膛：胸膛平坦开阔，可以驾马车，想起了"驾长车"；

肚子：肚子饿了想吃肉，想起了"壮志饥餐胡虏肉"；

腿：腿往回走，想起了"待从头、收拾旧山河"；

脚：脚一滑摔倒了，四脚朝天，想起了"朝天阙"。

3. 记忆这10个词语：面条、墨水、山坡、鲜花、灯管、地图、草原、竹子、水桶、花生

首先找桩：

①头发；②眼睛；③鼻子；④嘴巴；⑤脖子；⑥前胸；⑦后背；⑧手；⑨腿；⑩脚。

然后联想：

头发——面条：头发丝像面条；

眼睛——墨水：眼泪像墨水，或者眼球黑得像墨水染过一样；

鼻子——山坡：想象鼻子的形状像山坡；

嘴巴——鲜花：嘴巴里面插一朵鲜花；

脖子——灯管：脖子细得像灯管一样；

前胸——地图：前胸上画了一张中国地图；

后背——草原：后背长满了草，像草原一样；

手——竹子：手指一节节的，像竹子；

腿——水桶：一个人的大腿像水桶；

脚——花生：脚趾缝里塞满了花生。

记住了吗？是不是感觉很轻松，而且很难忘掉？

第二节 人物定桩法

1. 记忆《弟子规·亲仁》

同是人，类不齐，流俗众，仁者希。

果仁者，人多畏，言不讳，色不媚。

能亲仁，无限好，德日进，过日少。

不亲仁，无限害，小人进，百事坏。

第一步，找固定人物：唐僧、悟空、八戒、沙僧。

第二步，联想记忆：

①同是人，类不齐，流俗众，仁者希——唐僧。

译文：同样都是人，性情却各不相同，一般来说，跟着潮流走的俗人占了大部分，而仁德之人却很少见。

记忆：想象唐僧同样是人，但是收的徒弟性情各有不同，大部分是跟着潮流走的俗人，很少有仁者。

②果仁者，人多畏，言不讳，色不媚——悟空。

译文：对于一位真正的仁者，大家自然敬畏他，仁者说话不会故意扭曲事实，也不会向人谄媚讨好。

记忆：想象孙悟空就是个仁者，很多人都敬畏他，他说话不会故意扭曲事实，也不向人谄媚求好。

③能亲仁，无限好，德日进，过日少——八戒。

译文：能够亲近仁者，向他学习，就会得到无限的好处，自己的品德会一天比一天有进步，过错也跟着减少。

记忆：想象猪八戒能够亲近仁者，跟仁者学习，得到了无限好处，品德逐日变得更好，过错也逐日减少。

④不亲仁，无限害，小人进，百事坏——沙僧。

译文：如果不肯亲近仁者，就会有许多害处，小人会乘虚而入，围绕在我们身旁，导致很多事情一败涂地。

记忆：想象沙僧不亲近仁者，遭受了很多祸害，小人也乘虚而入，导致事情弄得一塌糊涂。

2. 记忆《弟子规·谨》部分篇章

人问谁，对以名，吾与我，不分明。
用人物，须明求，倘不问，即为偷。
借人物，及时还，后有急，借不难。
第一步，找固定人物：语文老师、数学老师、自己。

第二步，联想记忆：

①人问谁，对以名，吾与我，不分明——语文老师。

译文：假使有人问"你是谁"，回答时要说出自己的名字，如果只说"吾"或是"我"，对方就分不清到底是谁。

记忆：语文老师问你是谁，你要把名字告诉他，因为孙悟空与我是不分明的。

②用人物，须明求，倘不问，即为偷——数学老师。

译文：我们要使用别人的物品，必须事前对人讲清楚，如果没有得到允许就拿来用，那就相当于偷窃。

记忆：用数学老师的物品，需要明确要求，倘若不问，那就是偷窃。

③借人物，及时还，后有急，借不难——自己。

译文：借用他人的物品，用完了要立刻归还，这样以后遇到急用再向人借时，就不会很困难。

记忆：自己借别人的物品，要及时还，以后有急用，再借就不难了。

第三节　标题定桩法

标题定桩法就是把标题的每一个字与要记忆的内容进行联想，从而根据标题来回忆整个记忆内容的方法。

1. 记忆《闻官军收河南河北》（唐·杜甫）

剑外忽传收蓟北，初闻涕泪满衣裳。

却看妻子愁何在，漫卷诗书喜欲狂。

白日放歌须纵酒，青春作伴好还乡。

即从巴峡穿巫峡，便下襄阳向洛阳。

译文：剑门关外，忽然传来收复蓟北的消息，初听到这个消息时我非常惊喜，眼泪沾湿了衣裳。回过头来再看妻子和儿女，平日的忧愁已不知跑到何处去了，我胡乱地卷起诗书高兴得几乎要发狂。白天里我要放声歌唱，纵情畅饮；美好的春景正好伴着我返回故乡。我们要立即动身，从巴峡乘船，穿过巫峡，顺流直下到达湖北襄阳，再从襄阳北上，直奔洛阳。

记忆：

"闻"：闻就是听说；我听到剑门关外忽然传来了收复蓟北的消息。

"官"：一个当官的人听说后泪流满面，连衣服都打湿了。

"军"：一个军人回来看到妻子愁眉苦脸，问她为什么要忧愁。

"收"：一个人把一卷诗书给收起来，然后高兴得快要疯了。

"河"：由河想到黄河，一个人大白天在黄河放歌饮酒。

"南"：南方有很多打工青年一起作（做）伴回故乡。

"河"：由河想到长江；长江上有很多人从巴峡穿过到了巫峡。

"北"：北方下来很多人从襄阳奔向洛阳。

通过上述联想，只要记住该诗的标题就可以记住整首诗，不至于考试时只知道上句不知道下句或者相反的情况。

2. 记忆秦朝巩固统一的措施

经济：统一度量衡、货币和车轨；修建驰道，开凿灵渠。

文化：统一文字。

军事：修筑抵御匈奴的长城，并大规模移民。

法律：颁发全国通行的秦律。

记忆：

标题重心：巩固统一。

① "巩"想到"公"，公公骑着马车在大街上边跑边度量，车上的很多钱掉了下来都不知道，车轮留下了两道深深的车轨；马车快速跑出了城池，跑过的荒野里马上就出现了一条驰道，再跑就掉进灵渠里了！

② "固"就是固定，想象那些古人正在把一个个大大的方块字固定在石板上。

③ "统"想到"通"或"捅"，想象贯通东西的长城突然从天而降，一边的匈奴和另一边的农民都被吓得往回跑！

④ "一"就是一律，一律给全国人民发一本厚厚的秦律！

回想一下就可以把它们记得很牢固了，对不对？语文、地理、历史、政治、生物的知识点，都可以用这种方法去记，大胆发挥你的想象力吧！

第四节 数字定桩法

1. 记忆三十六计

瞒天过海	围魏救赵	借刀杀人	以逸待劳	趁火打劫	声东击西
无中生有	暗度陈仓	隔岸观火	笑里藏刀	李代桃僵	顺手牵羊
打草惊蛇	借尸还魂	调虎离山	欲擒故纵	抛砖引玉	擒贼擒王
釜底抽薪	浑水摸鱼	金蝉脱壳	关门捉贼	远交近攻	假道伐虢
偷梁换柱	指桑骂槐	假痴不癫	上屋抽梯	树上开花	反客为主
美人计	空城计	反间计	苦肉计	连环计	走为上计

我们需要先记忆数字编码（1~36）：

1	2	3	4	5	6	7	8	9	10
蜡烛	鹅	耳朵	帆船	秤钩	勺子	镰刀	眼镜	口哨	棒球
11	12	13	14	15	16	17	18	19	20
梯子	椅儿	医生	钥匙	鹦鹉	石榴	仪器	腰包	衣钩	香烟
21	22	23	24	25	26	27	28	29	30
鳄鱼	双胞胎	和尚	闹钟	二胡	河流	耳机	恶霸	饿囚	三轮车
31	32	33	34	35	36				
鲨鱼	扇儿	星星	三丝	山虎	山鹿				

记忆：

①点着蜡烛在黑夜瞒着天过了大海。

②鹅围着魏国救出赵国。

③我从孙悟空的耳朵里借出一把刀杀死了坏人。

④中国海军坐在帆船上很安逸，轻松地打败了疲劳的敌人。

⑤珠宝店起火，小明拿着秤钩钩珠宝，趁火打劫。

⑥小偷大声说自己要从东门进入，然后又拿着勺子击碎了西门。

⑦小偷家今年没收成，他拿镰刀去割别人的庄稼，最后从无到有。

⑧我戴着眼镜从黑暗中划船度（渡）过了陈仓。

⑨我站在这边隔岸看到对面起火，然后吹口哨报警。

⑩棒球哈哈大笑，嘴巴飞出一把小刀。

请运用数字定桩法记忆剩余二十六计。

注意：在运用数字定桩法时，每个数字可以对应不同的编码。

2. 记忆中华十大名山

山东泰山、安徽黄山、四川峨眉山、江西庐山、西藏珠穆朗玛峰、吉林长白山、陕西华山、福建武夷山、台湾玉山、山西五台山。

先介绍01~10的数字编码（数字编码可以同时有几个，根据需要来定）。

01→树　　02→铃儿　03→凳子　　04→汽车　05→手套

06→手枪　07→锄头　08→溜冰鞋　09→猫　　10→棒球

我们把01~10的数字编码与10个名山名称进行联想，具体如下：

"01→树"与"泰山"：

想象好大一棵树长在泰山上面。

"02→铃儿"与"黄山"：

可假想铃儿是金黄色的，从而联想到黄山。

"03→凳子"与"峨眉山"：

想象凳子上坐着一个人，这个人额头很高，眉毛很浓，因为他来自峨眉山。

"04→汽车"与"庐山"：

汽车上有很多葫芦，运到了庐山。

"05→手套"与"珠穆朗玛峰"：

想象我拿着拳击手套，一拳打到了珠穆朗玛峰。

"06→手枪"与"长白山"：

想象长白山很多土匪拿着手枪占山为王。

"07→锄头"与"华山"：

想象我拿着锄头在中华的华山挖金子。

"08→溜冰鞋"与"武夷山"：

想象很多武林高手在武夷山溜冰。

"09→猫"与"玉山"：

想象很多猫在玉山偷玉石。

"10→棒球"与"五台山"：

想象我在五台山拿着五个棒球打棒球。

回忆一下，能想起这十大名山吗？由"01"想到好大一棵大树在泰山，由"02"想到金黄色的山——黄山，……由"10"想到在五台山打棒球，这样，十大名山通过10个数字编码就都能想起来了，这就是数字定桩法。

3. 记忆中国百家姓复姓中的10个

司马、诸葛、东方、皇甫、上官、公孙、百里、东郭、西门、羊舌。

我们用21~30的数字编码与之进行联想。

21~30的数字编码：

21→鳄鱼　　22→双胞胎　23→和尚　　24→闹钟　　25→二胡

26→二流子　27→耳机　　28→恶霸　　29→饿囚　　30→三轮车

联想：

"21"与"司马"：鳄鱼咬伤了司马官。

"22"与"诸葛"：双胞胎是诸葛亮家的。

"23"与"东方"：和尚打败了东方不败。

"24"与"皇甫"：我把闹钟送给了皇甫先生。

"25"与"上官"：拉二胡的那个人最后当上了大官（上官）。

"26"与"公孙"：公孙策的孙子都是二流子，我不信。

"27"与"百里"：耳机声音很大，一百里外还能听见。

"28"与"东郭"：恶霸们爱欺负南郭先生的兄弟东郭先生。

"29"与"西门"：一群饥饿的囚犯（饿囚）死在了西门庆手中。

"30"与"羊舌"：我的三轮车里全是羊舌。

数字定桩法可以简化记忆环节，从而扩大记忆的容量。

4. 记忆世界10大著名运河的名字及其所属国家（运河按从长到短的顺序排列）

京杭大运河——中国；伊利运河——美国；苏伊士运河——埃及；阿尔贝特运河——比利时；莫斯科运河——俄罗斯；伏尔加河—顿河运河——俄罗斯；基尔运河——德国；约塔运河——瑞典；巴拿马运河——巴拿马；曼彻斯特运河——英国。

31~40的数字编码如下：

31→鲨鱼　32→珊儿　33→星星　34→三丝　35→山虎

36→山路　37→山鸡　38→妇女　39→山丘　40→司令

联想：

"31"与"京杭大运河——中国"：想象鲨鱼从大海来到京杭大运河，最后在中国定居。

"32"与"伊利运河——美国"：珊儿喝了伊利牛奶后，整天拉肚子，经过伊利大运河来到美国治疗。

"33"与"苏伊士运河——埃及"：在一个漫天星星的夜晚，苏女士（苏伊士）哀伤极（埃及）了。

"34"与"阿尔贝特运河——比利时"：苏女士的二儿子特（阿尔贝特）被三条很大的丝巾击中鼻子，鼻子伤得特别厉害，顿时（比利时）鲜血直流，把扇子都染红了。

"35"与"莫斯科运河——俄罗斯"：山虎太无聊，来到了莫斯科大运河，它这才发现自己居然到达了俄罗斯。

"36"与"伏尔加河—顿河运河——俄罗斯"：出院当天，走在回家的山路上，苏女士对儿子说："回家妈给你拿伏尔加喝，再炖盒（顿河）肉下酒，我儿饿了是（俄罗斯）吗？"

"37"与"基尔运河——德国"：回家后，邻居告诉我一个能扶正鼻子的秘方，就是把山鸡的耳朵（基尔）血滴在鼻子上，这得到过（德国）权威人士的肯定。

"38"与"约塔运河——瑞典"："三八"国际劳动妇女节那天，很多妇女邀约朋友去宝塔下的运河，因为那里是浪漫的瑞典。

"39"与"巴拿马运河——巴拿马"：山丘上阿里巴巴的一个员工拉（拿）着一匹马去修运河。

"40"与"曼彻斯特运河——英国"：司令听到消息后前来劝解，士兵从司令那慢且特斯文（曼彻斯特）的话语中明白了，人不论美丑都应过（英国）同样的生活。

5. 按顺序记忆下列词语

资本家、购买劳动力、资本、工人购买生活资料、消费、生产中被使用、劳动力价值、剩余价值、价值增值、可变资本。

41~50的数字编码：

41→神医　42→柿子　43→石山　44→蛇　　45→师傅

46→饲料　47→司机　48→丝瓜　49→死狗　50→武林

联想：

"41"与"资本家"：神医爱到资本家那里行医看病，因为小费给得多呀！

"42"与"购买劳动力"：柿子饼生产厂大量购买劳动力来生产柿子饼。

"43"与"资本"：我把石山卖了，作为自己创业的资本。

"44"与"工人购买生活资料"：我把很多蛇卖了，这样就足够工人购买几年的生活资料了。

"45"与"消费"：师傅的失误导致徒弟生产了很多残次品，卖不出去得师傅自己消费（赔偿）。

"46"与"生产中被使用"：饲料在生产中被使用并特别处理后，可以保质十年不会坏。

"47"与"劳动力价值"：工厂里，司机不用劳动，省力，但架子（劳动力价值）似乎很大。

"48"与"剩余价值"：资本家把丝瓜当药材卖，剩余价值是原来的十倍。

"49"与"价值增值"：资本家把死狗做成狗肉罐头卖，死狗价值会增值很多。

"50"与"可变资本"：过去有些武林中人热衷于武功，是因为武艺可变成"资本"（可变资本），可以混碗饭吃。

上面的联想完成后，把它们串起来就是政治经济学中"可变资本"的名词解释的关键词，其全文如下：资本家用来购买劳动力的那部分资本，其价值随着工人购买生活资料用于消费而消失了，但劳动力在生产中被使用，不仅创造出劳动力价值，而且创造出剩余价值，实现了价值增值，叫作可变资本。

需要说明的是，用这种方法记忆名词解释等题，仅能把关键词句记下来，不能把每个字都记住。尽管如此，这种方法还是能有效地帮助记忆，不要忘记你还有机械记忆的本能呢。只要你对这道题有印象，认真学了，在考场上你就可以按这个线索顺藤摸瓜，使答案趋于完美。

6. 记忆《弟子规·信》部分篇章

凡出言，信为先，诈与妄，奚可焉！
话说多，不如少，惟其是，勿佞巧。
奸巧语，秽污词，市井气，切戒之。
见未真，勿轻言，知未的，勿轻传。

事非宜，勿轻诺，苟轻诺，进退错。

凡道字，重且舒，勿急疾，勿模糊。

彼说长，此说短，不关己，莫闲管。

第一步，找数字桩：1~7的数字编码分别是蜡烛、鹅、耳朵、帆船、秤钩、勺子、镰刀。

第二步，联想记忆。

①凡出言，信为先，诈与妄，奚可焉——蜡烛。

译文：凡是开口说话，首先要讲究信用，欺诈不实的言语，在社会上可以永远行得通吗？

记忆：想象一个人晚上点着蜡烛，在和别人谈话，谈话的主题是信用。他认为欺诈的言语在社会上行不通。

②话说多，不如少，惟其是，勿佞巧——鹅。

译文：话说得多不如说得少，凡事实实在在，不要讲些不切实际的花言巧语。

记忆：鹅很少说话，因为它觉得话多不如话少，要实实在在，不要讲不切实际的花言巧语。

③奸巧语，秽污词，市井气，切戒之——耳朵。

译文：奸邪巧辩的言语，脏、不雅的词句及无赖之徒低俗的口气，都要切实戒除掉。

记忆：我的耳朵听到了奸邪巧辩的言语，脏、不雅的词句及无赖之徒低俗的口气，就会觉得很不舒服，所以想戒掉。

④见未真，勿轻言，知未的，勿轻传——帆船。

译文：还未看到事情的真相，不轻易发表意见，对于事情了解得不够清楚，不轻易传播出去。

记忆：我在帆船上没有看到事情的真相，所以不敢轻易发表意见，也不敢随便传播出去。

⑤事非宜，勿轻诺，苟轻诺，进退错——秤钩。

📝 **译文**：觉得事情不恰当，不要轻易答应，如果轻易答应就会使自己进退两难。

💭 **记忆**：我的秤钩不合格，觉得用来称东西很不恰当，所以不敢轻易答应，否则会让自己进退两难。

⑥凡道字，重且舒，勿急疾，勿模糊——勺子。

📝 **译文**：谈吐要稳重且舒畅，不要说得太快太急，或者字句模糊不清，让人听得不清楚或会错意。

💭 **记忆**：我拿着勺子喝汤，一边喝汤一边说话，但是我说话稳重且舒畅，我觉得不能太快太急，或者字句模糊不清。

⑦彼说长，此说短，不关己，莫闲管——镰刀。

📝 **译文**：遇到别人谈论他人的是非好坏时，如果与己无关就不要多管闲事。

💭 **记忆**：我拿着镰刀在割草，听见别人在谈论他人的是非好坏，我没有参与，因为我觉得如果与己无关就不要多管闲事。

第五节　地点定桩法（记忆宫殿）

地点定桩法又叫作记忆宫殿、思维殿堂或罗马房间，是指预先在实际空间里找到固定的点，这些点是有一定顺序的，然后把需要记忆的信息与相应的点进行联想，最后通过这些点按照顺序一一回忆所记忆的信息。

找桩步骤及原则：

①尽量去熟悉的地方（公园、房间、学校等）找，这样可以达到以熟记新的目的。

②所找的地点桩要有一定的特征。你应该尽可能选择有趣的、有显著特征的位置或者对象作为路径上的点。比如桌面上的一个气球比桌面上的一张纸更引人注目，特征更显著。

③要有序号，尽量给你所找的地点桩编上序号，这样会更方便使用。

④要清晰明亮，一般是一条路或者一个房间。

⑤要有足够的区分度，尽量不要找相同的点。

⑥找点要达到一定的量，因为你拥有的点越多，能记忆的信息也就越多。

1. 记忆下面20个数字

59	23	07	81	64	06	28	62	08	99
蜈蚣	和尚	锄头	白蚁	螺丝	手枪	恶霸	牛儿	溜冰鞋	舅舅
86	28	03	48	25	34	21	17	06	79
八路	恶霸	凳子	石板	二胡	三丝	鳄鱼	仪器	手枪	气球

第一步：按照一定的顺序找到点。

①树冠；②草地；③躺椅；④小椅子；⑤太阳伞；⑥桌子；⑦茶壶；⑧大椅子；⑨水景盆；⑩水池。

第二步：把需要记忆的信息与相应的点进行联想。

①树冠——树冠上有只蜈蚣（59）在咬和尚（23）。

②草地——我用锄头（07）在草地上挖出好多白蚁（81）。

③躺椅——躺椅上有好多螺丝（64）钉住了手枪（06）。

④小椅子——小椅子上有个恶霸（28）在斗牛儿（62）。

⑤太阳伞——太阳伞上有好多溜冰鞋（08）在砸舅舅（99）。

⑥桌子——桌子上有个八路（86）在抓恶霸（28）。

⑦茶壶——大茶壶上有只凳子（03）在砸石板（48）。

⑧大椅子——大椅子上有个二胡（25）在拉三丝（34）。

⑨水景盆——水景盆上有只鳄鱼（21）在咬仪器（17）。

⑩水池——水池里有把手枪（06）打破了气球（79）。

第三步：通过这些点来回忆相应的信息。

回忆步骤：首先按顺序回忆预先设定的地点桩，然后一一回忆桩上所记忆的编码，最后再对编码进行还原。

2. 利用上面的地点桩记忆《弟子规》部分篇章

定位系统：树冠、草地、躺椅、小椅子、太阳伞、桌子、茶壶、大椅子、水景盆、水池。

记忆内容："总叙"至"入则孝"前半部分，共10句。

①弟子规，圣人训，首孝悌，次谨信——树冠。

译文：弟子规，是圣人的教诲。首先要孝敬父母、友爱兄弟姊妹，其次要谨言慎行、讲求信用。

记忆：树冠上有人在讲弟子规，他说那是孔圣人的教诲：首先，我们要孝敬父母、友爱兄弟姊妹，其次要谨言慎行、讲求信用。

②泛爱众，而亲仁，有余力，则学文——草地。

译文：博爱大众，亲近有仁德的人。如果有多余的时间和精力，则学习有益的学问。

记忆：想象草地上有个博爱仁德的人，他在利用空余时间学习有益的学问。

③父母呼，应勿缓，父母命，行勿懒——躺椅。

译文：父母呼唤，应及时应答，不要拖延迟缓；父母交代的事情，要立刻动身去做，不可拖延或推诿偷懒。

记忆：想象躺椅上有父母呼唤我，我及时应答，没有拖延迟缓。父母交代我做事，我立刻动身去做，没有拖延。

④父母教，须敬听，父母责，须顺承——小椅子。

译文：父母的教诲，应该恭敬地聆听；做错了事，受到父母的教育和责备时，应当虚心接受，不可强词夺理。

记忆：想象父母坐在小椅子上教导我，我在静静听讲，父母责怪我，我虚心地接受了。

⑤冬则温，夏则凊，晨则省，昏则定——太阳伞。

译文：冬天寒冷时提前为父母温暖被窝，夏天酷热时提前帮父母把床铺扇凉；早晨起床后先探望父母，向父母请安；晚上伺候父母就寝后，才能入睡。

记忆：想象冬天很冷，我在太阳伞下给父母弄了一床温暖的被窝；想象夏天酷热，我在太阳伞下给父母扇凉。想象早晨我去探望父母，晚上我伺候父母就寝。

⑥出必告，反必面，居有常，业无变——桌子。

译文：出门时告诉父母去向，返家后面告父母报平安；起居作息要有规律，做事有常规，不要任意改变，以免父母忧虑。

记忆：想象父母在桌子旁，然后我告诉他们自己出门的去向；回家后，我给父母报平安。告诉父母自己做事有规律，有常规，不会任意改变，以免父母忧虑。

⑦事虽小，勿擅为，苟擅为，子道亏——茶壶。

译文：事情虽小，也不要擅自做主和行动；擅自行动造成错误，让父母担忧，有失做子女的本分。

记忆：我拿着茶壶给父母倒茶，虽然事情很小，但也不擅自做主和行动；擅自行动造成错误，会让父母担忧，有失做子女的本分。

⑧物虽小，勿私藏，苟私藏，亲心伤——大椅子。

译文：公物虽小，也不要私自占为己有；如果私藏公物，缺失品德，就会让父母伤心。

记忆：我看到大椅子上有很多公物，虽小，但也不私自占为己有；如果私藏公物，缺失品德，就会让父母伤心。

⑨亲所好，力为具，亲所恶，谨为去——水景盆。

译文：父母所喜好的东西，应该尽力去准备；父母所厌恶的事物，要小心谨慎地去除（包括自己的坏习惯）。

记忆：亲人站在水景盆上，大力水手为他做家具，亲人厌恶，就为他砍去。

⑩身有伤，贻亲忧，德有伤，贻亲羞——水池。

译文：要爱护自己的身体，不要使身体轻易受到伤害，让父母忧虑。要注重自己的品德修养，不可以做出伤风败德的事，使父母蒙受耻辱。

记忆：我掉进水池身上受了伤，小姨（谐音）作为亲人很忧愁，好朋友三德子（转化法）也有伤，小姨作为亲人很羞愧。

第六节　连锁串联法

连锁串联法是指运用一定的技巧把零散的信息单元串连起来，从而由第一个想到第二个，第二个想到第三个，以此类推，最后记忆一连串信息的方法。

就好比我们不可能一次性拿起200个散乱孤立的环，但是可以把它们两两相连，变成一根链条，这样就可以一次性全拿起来了。同样地，我们运用连锁串联法记忆各种信息时，其实就是把所有需要记忆的信息串成一根链条，这样就能一次性记住了。比如说，我们记忆文章或者记忆购物清单时，往往是想起这个却想不起那个，我们利用连锁串联法就可以解决这个问题。但如果要记忆的信息很复杂，则必须有一定的串联法运用能力，要掌握得很熟练才能真正发挥串联法的威力。

接下来看一组词语：

篮球、飞机、墨水、阿姨、美国、蔬菜、小刀、美人、烧烤、电影院、小鸟、联合国、猪八戒、卫星、大海、兴奋、可口可乐、北京、奥运会、跳舞、飞扬、乞丐、火星、汽车、外星人、大笑、诚实、培训、冠军。

你能在1分钟内记住上面的词语吗？

其实，上面的词语就可以利用串联法来记忆。

串联法记忆：我今天去打篮球，结果篮球砸到了飞机，飞机抖出了很多墨水，墨水泼在阿姨身上，阿姨吓得去了美国。她在美国买了很多蔬菜，蔬菜买回来用小刀切，切完以后送给美人，美人要去买烧烤，买完烧烤后带进电影院。电影院有很多小鸟，小鸟飞到了联合国，联合国大厦飞出了猪八戒，猪八戒喜欢发射卫星，卫星发射失败掉进了大海，溅起了万丈浪花，说明大海很兴奋，但兴奋不能过度，所以要喝点镇静剂——可口可乐。可口可乐从北京运过来，北京在举办奥运会，奥运会广场上有很多人在跳舞，跳舞的人飞扬起来，吓走了看台上的乞丐。乞丐吓得跑到火星，火星上有很多汽车，汽车里坐着外星人，外星人在哈哈大笑，他笑别人不诚实，不诚实就要进行思想教育——培训，培训之后居然拿了个冠军。

你记住了吗？

连锁串联法有以下两个特点：

第一，以故事相连。

比如上面的例子就是篮球打到飞机，飞机泼出墨水，墨水泼到阿姨身上……每个主体都是两两相连的。

第二，要有图像和画面。

比如上面的篮球、飞机、墨水、阿姨、美国、蔬菜、小刀、美人、烧烤、电影院等每一个词都要有图像，而且图像之间还要形成一个整体的画面。如果没有图像，我们就很难回忆起来。

1. 记忆圆周率前60位

14	15	92	65	35	89	79	32	38	46
钥匙	鹦鹉	球儿	尿壶	山虎	芭蕉	气球	扇儿	妇女	饲料
26	43	38	32	79	50	28	84	19	71
河流	石山	妇女	扇儿	气球	武林	恶霸	巴士	衣钩	鸡翼
69	39	93	75	10	58	20	97	49	44
八卦	山丘	旧伞	西服	棒球	尾巴	香烟	旧旗	湿狗	蛇

记忆：

钥匙砸到鹦鹉，鹦鹉去啄球儿，球儿弹到了尿壶，尿壶把尿泼在山虎身上，山虎去抓芭蕉，芭蕉树上有气球，气球上吊着扇儿，扇儿给妇女扇风，妇女在背饲料，饲料掉进了河流里，河流里有座石山，石山上坐着妇女，妇女在用扇儿，扇儿扇破了气球。

武林高手在追恶霸，恶霸跑到了巴士上，巴士上挂满了衣钩，衣钩钩住了鸡翼，鸡翼一振飞到了八卦山丘上，八卦山丘上有好大一把旧伞，打伞的人穿着西服打棒球，棒球打到了松鼠的尾巴，尾巴上卷着香烟，香烟点燃了旧旗，旧旗下面有一条湿狗，湿狗在咬蛇。

2. 请按顺序记住以下词语

李小明、玉米、网吧、你好吗、包包、读书、鸡蛋、香菜、快餐、飞起来、无法解释、太好了、黄金、飞机、泰国、回家、背书、善解人意、山鸡、喇叭、鲨鱼、乌龟、面条、抽水机、魔术、谢谢大家、表演、我一点都不紧张、作业本、单词。

记忆：想象李小明在吃玉米，吃完玉米去网吧，网吧门口有人说："你好吗？"那个人身上背着包包，背包是去读书的，读书前吃了一个鸡蛋，鸡蛋旁边有香菜，那是有人在做快餐。那人拿着快餐突然飞起来了，这让人无法解释，但这的确太好了。因为他看到了很多黄金，拿着黄金买了一架飞机，飞机飞到泰国去，后来又回家了。回家继续背书，他妈妈善解人意，而且养了一只山鸡。山鸡旁边有个大喇叭，喇叭被吹到了鲨鱼那里，鲨鱼在追乌龟，乌龟在吃面条，面条掉进了抽水机，原来这是一个魔术，谢谢大家观看我的表演。其实我一点都不紧张，给大家再看看我的作业本，单词全写完了。

3. 记忆心理减压的10种方法

①设定现实的目标；

②将压力写出来；

③统筹安排；

④适时放松；

⑤慢慢用餐；

⑥想象；

⑦闻香气；

⑧读书；

⑨求助；

⑩想哭就哭。

记忆：

第一步，找关键词：目标、压力、安排、放松、用餐、想象、香气、读书、求助、哭。

第二步，连锁串联：目标高，所以压力大，压力大就要好好安排，安排完了要去放松，放松时用餐，用完餐去想象香气，闻到香气后去读书，读书不懂的向别人求助，求助不成功，只好哭。

4. 记忆公交车路线

武东—武东路—张家铺—龚家岭—彭家岭—黄家大湾—李家大湾—雁中嘴—鹅嘴—磨山—梅园—猴山—游泳池—风光村—东湖村—东湖新村—广八路—珞珈山—省邮电干校—小洪山—八一路—洪山体育馆—何家垅—民主路小东门—宜家装饰广场—武警医院—民主路—胭脂路—司门口东站—汉阳门

记忆：

武东出生于武东路，随后搬到了张家铺，张家铺旁边有两座山岭，一座叫龚家岭，另一座叫彭家岭。彭家岭的军人打了两场胜仗，一场在黄家大湾，一场在李家大湾。李家大湾有好多大雁，有只大雁的嘴像鹅嘴，鹅嘴飞到了磨山，磨山里的梅园有很多梅花，梅花丛里有好多猴子，猴子爬到了猴山，猴山里有个游泳池，游泳池的风光很美，所以叫作风光村，风光村靠近东湖，东湖那里有两个村，一个叫东湖村，一个叫东湖新村。东湖新村的门口是广八路，广八路通往珞珈山，珞珈山里有个省邮电干校，学校里有座小洪山，小洪山上有条八一路，八一路通往洪山体育馆，体育馆馆长叫作何家垅。何家垅在民主路修了个小东门，小东门后面是宜家装饰广场，广场旁边是武警医院，武警医院旁边是民主路，因为有很多卖胭脂的，所以叫作胭脂路，胭脂路通往司门口东站，东站有个汉阳门。

5. 记忆古诗文《使至塞上》（唐·王维）

单车欲问边，属国过居延。
征蓬出汉塞，归雁入胡天。
大漠孤烟直，长河落日圆。
萧关逢候骑，都护在燕然。

译文：一随轻车简从，将去慰问护疆守边的将士，奉使前行啊，车轮辘辘辗过居延。恰是路边的蓬草，随风飘转出了汉朝的世界；又如那天际的大雁，翱翔北飞进入胡人的穹天。只见灿黄无限的沙漠，挺拔着一炷灰黑直聚的燧烟，横卧如带的黄河，正低悬着一团苍凉、浑圆的落日。行程迢迢啊，终于到达萧关，恰逢侦察骑兵禀报——守将正在燕然前线。

记忆：

第一步，找关键词：单车、属国、征蓬、归雁、大漠、长河、萧关、都护。

第二步，关键词串联：我骑单车到了他的属国，属国里有好多征蓬，征蓬上面飞来了好多归雁，归雁又飞往大漠，大漠尽头是长河，长河流到了萧关，萧关那里有个都护。

第三步，根据熟记的关键词快速复习回忆全诗。

6. 记忆古诗文《雁门太守行》（唐·李贺）

黑云压城城欲摧，甲光向日金鳞开。

角声满天秋色里，塞上燕脂凝夜紫。（"塞上"一作"塞土"）

半卷红旗临易水，霜重鼓寒声不起。

报君黄金台上意，提携玉龙为君死。

译文：敌军似乌云压近，危城似乎要被摧垮；阳光照射在鱼鳞一般的铠甲上，金光闪闪。号角的声音在这秋色里响彻天空；夜色中，塞上泥土中鲜血浓艳得如紫色。寒风卷动着红旗，部队临近易水；凝重的霜湿透了鼓皮，鼓声低沉，扬不起来。为了报答国君的赏赐和厚爱，手操宝剑甘愿为国血战到死。

记忆：

第一步，找关键词：黑云、金鳞、角声、燕脂、红旗、霜、黄金、玉龙。

第二步，关键词串联：黑云里掉下好多金鳞，金鳞响起了角声，吹角声的人身上有胭（燕）脂，胭脂涂到了红旗上，红旗上有好多霜，霜披到了黄金上，黄金送给了玉龙。

第三步，根据熟记的关键词快速复习全诗。

7. 记忆现代诗《月亮与星星私语》（李国苓）

空中一片寂静

只有星星陪着月亮

隔窗听着望着

他们互诉真情

月亮说是你的闪烁

照亮了我的心境

让我坚守初一十五

用最大最圆的面孔

装点夜空

星星说我执着地爱你

总是一片真诚

你为相约的人儿

照亮银河夜景

最好的瞬间嵌入我的梦

我在银河的彼岸

栽了一棵相思树

四季花开满枝头

月亮说你的陪伴

是我的依恋

时时听见心灵的震颤

我害怕寂寞

更不喜欢风的呻吟

无论天涯海角银河相邻

我们不能牵手却心心相印

记忆：

第一步，找关键词：空中、只有、隔窗、他们、闪烁、照亮、坚守、面孔、装点、星星、真诚、相约、银河、瞬间、彼岸、相思树、四季花、陪伴、依恋、震颤、寂寞、呻吟、天涯海角、心心相印。

第二步，关键词串联：我在空中只有隔窗才能看见它们，它们闪烁着光，照亮了坚守在岗位上的面孔，那些面孔装点了星星，星星很真诚，决定相约在银河，它们瞬间就变成了彼岸的相思树，相思树上开满了四季花，四季花陪伴人们依恋，依恋的人震颤了，寂寞了，所以呻吟，她们在天涯海角依然心心相印。

第三步，根据熟记的关键词快速复习回忆全诗。

【练习】

1. 按顺序记忆下列词语

修路、跳舞、存折、喝酒、骑车、放牛娃、大山、农村、种菜、哥哥、玩耍、高铁、深圳、你妈妈喊你回家吃饭、大海、荔枝花园、游戏、弯曲、课文、豆腐、嘎嘎叫、水库、大树、公交站、香瓜、香港、鲸鱼、猴子、电线杆、蘑菇、板凳

2. 按顺序记忆下列词语

钥匙、药片、小学、孝心、爸爸、裙子、跳舞、爷爷、官员、月饼、巧克力、开学、猪、中秋节、国庆节、大猩猩、篮球场、吃饱了、计算机、水井、水晶宫、梳子、牛角、英语课文、背书、上学去了、大门、哈哈大笑、灯管、电线、包心菜、双面胶

3. 记忆现代诗《错误》（郑愁予）

我打江南走过

那等在季节里的容颜如莲花的开落

春风不来，三月的柳絮不飞

你的心如小小的寂寞的城

恰若青石的街道向晚

跫音不响，三月的春帷不揭

你的心是小小的窗扉紧掩

我达达的马蹄是美丽的错误

我不是归人，是个过客……

第七节 | 情景画面法

在讲解情景画面法之前，我先给大家普及一些大脑方面的知识，主要介绍一下美国斯佩里博士的左右脑分工理论。

美国心理生物学家斯佩里博士通过著名的割裂脑实验，证实了大脑的不对称性，提出"左右脑分工理论"，并因此荣获1981年诺贝尔生理学或医学奖。正常人的大脑有两个半球，由胼胝体连接沟通，构成一个完整的统一体。在正常情况下，大脑是作为一个整体来工作的，来自外界的信息经胼胝体传递，左、右两个半球的信息可在瞬间进行交流，人的每种活动都是两半球信息交换和综合的结果。大脑两半球在机能上有分工，左半球感受并控制右边的身体，右半球感受并控制左边的身体。

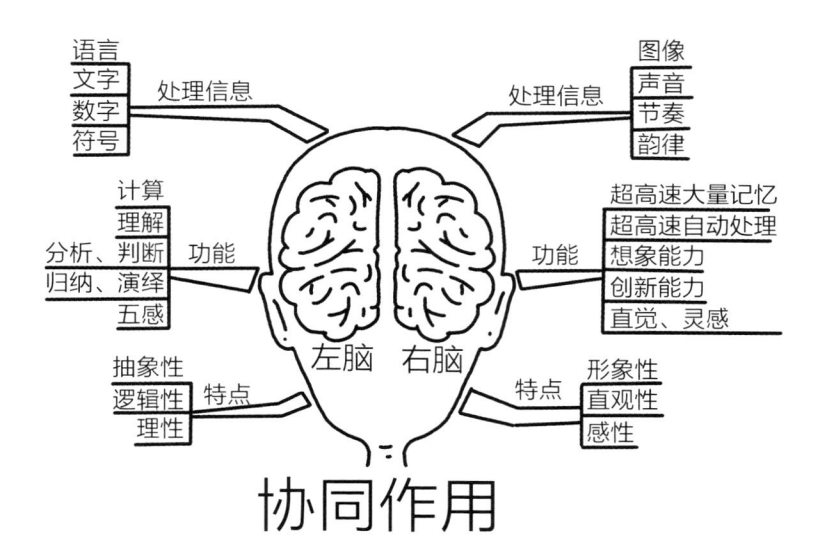

左脑：
- 处理信息：语言、文字、数字、符号
- 功能：计算、理解、分析、判断、归纳、演绎、五感
- 特点：抽象性、逻辑性、理性

右脑：
- 处理信息：图像、声音、节奏、韵律
- 功能：超高速大量记忆、超高速自动处理、想象能力、创新能力、直觉、灵感
- 特点：形象性、直观性、感性

协同作用

左半脑主要负责处理语言、文字、数字、符号等信息，主要功能包括逻辑、分析、判断、归纳、五感（视、听、嗅、触、味觉）、抽象思考等，思维方式具有连续性、延续性和分析性。因此左脑可以称作"意识脑""学

术脑""语言脑"。右半脑主要负责处理图像、声音、韵律、节奏等信息，主要功能包括记忆、直觉、情感、想象、灵感、顿悟等，思维方式具有无序性、跳跃性、直觉性等。斯佩里认为右脑具有图像化机能，如创造力、想象力；与宇宙共振共鸣机能，如第六感、直觉力、灵感、梦境等；以及超高速大量记忆机能。所以右脑又可以称作"本能脑""潜意识脑""创造脑""音乐脑""艺术脑"。

将第一章讲过的图像记忆的原理与美国斯佩里博士的左右脑分工理论相结合，可以总结出高效记忆中的情景画面法。

情景画面法是用所需记忆的信息构建一幅真实或虚构的画面，通过画面强烈刺激大脑，从而实现快速记忆。在记忆某些材料时，如果该材料本身具有较强的画面感，那么对画面进行整理，就可以达到很好的记忆效果。

1. 记忆古诗《春晓》（唐·孟浩然）

春眠不觉晓，处处闻啼鸟。

夜来风雨声，花落知多少。

2. 记忆古诗《村居》(清·高鼎)

草长莺飞二月天,拂堤杨柳醉春烟。

儿童散学归来早,忙趁东风放纸鸢。

3. 记忆古诗《所见》(清·袁枚)

牧童骑黄牛,歌声振林樾。

意欲捕鸣蝉,忽然闭口立。

4. 记忆古诗《小池》（宋·杨万里）

泉眼无声惜细流，树阴照水爱晴柔。

小荷才露尖尖角，早有蜻蜓立上头。

5. 记忆古诗《乡村四月》（宋·翁卷）

绿遍山原白满川，子规声里雨如烟。

乡村四月闲人少，才了蚕桑又插田。

6. 记忆古诗《夏日田园杂兴·其一》(宋·范成大)

梅子金黄杏子肥,麦花雪白菜花稀。

日长篱落无人过,惟有蜻蜓蛱蝶飞。

【练习】

1. 请记忆以下短文(《富饶的西沙群岛》节选)

鱼成群结队地在珊瑚丛中穿来穿去,好看极了。有的全身布满彩色的条纹;有的头上长着一簇红缨;有的周身像插着好些扇子,游动的时候飘飘摇摇;有的眼睛圆溜溜的,身上长满了刺,鼓起气来像皮球一样圆。各种各样的鱼多得数不清。正像人们说的那样,西沙群岛的海里一半是水,一半是鱼。

海滩上有拣不完的美丽的贝壳,大的,小的,颜色不一,形状千奇百怪。最有趣的要算海龟了。每年四五月间,庞大的海龟成群爬到沙滩上来产卵。渔业工人把海龟翻一个身,它就四脚朝天,没法逃跑了。

2. 请用情景画面法记忆《黄鹤楼送孟浩然之广陵》(唐·李白)

故人西辞黄鹤楼,烟花三月下扬州。

孤帆远影碧空尽，唯见长江天际流。

3. 请用情景画面法记忆《浪淘沙·其一》（唐·刘禹锡）

九曲黄河万里沙，浪淘风簸自天涯。

如今直上银河去，同到牵牛织女家。

特别篇1

数字编码表

特别篇1 | 053
数字编码表

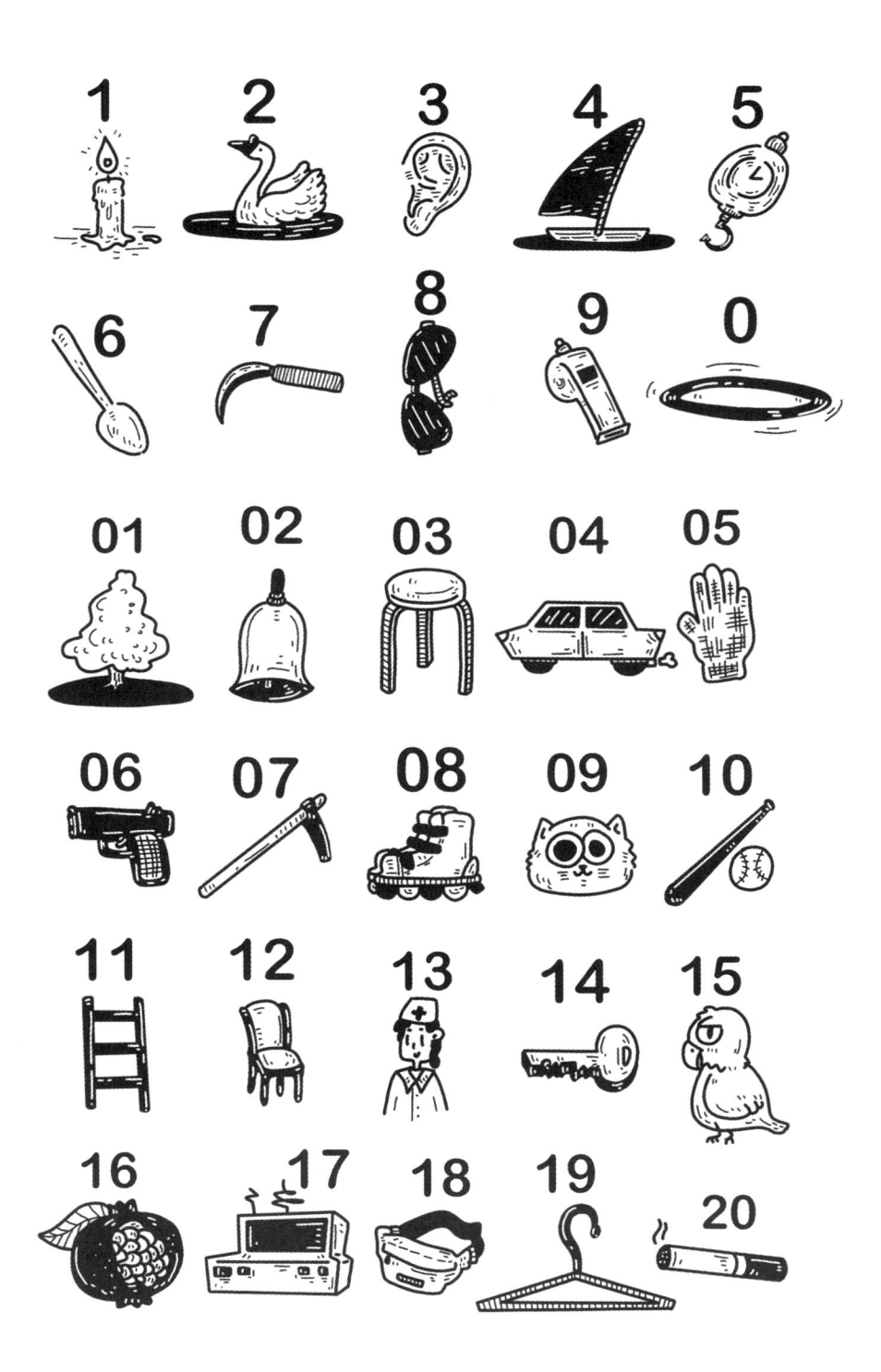

数字	图像
1	蜡烛
2	天鹅
3	耳朵
4	帆船
5	钩秤
6	勺子
7	镰刀
8	墨镜
9	口哨
0	呼啦圈
01	树
02	铃铛
03	凳子
04	汽车
05	手
06	手枪
07	拐杖
08	溜冰鞋
09	小猫
10	棒球棒
11	梯子
12	椅子
13	护士
14	钥匙
15	鹦鹉
16	石榴
17	收音机
18	嘴唇
19	衣架
20	香烟

054 高效记忆
助力学习与考试的记忆法

特别篇1
数字编码表

055

编号	图像
81	蜜蜂
82	靶子
83	葫芦丝
84	巴士
85	元宝
86	警察
87	棋盘
88	爸爸
89	香蕉
90	酒瓶
91	球衣
92	足球
93	雨伞
94	钻戒
95	茶壶
96	酒桶
97	旗子
98	羽毛球拍
99	舅舅
00	望远镜

第三章
高效记忆的工具——思维导图

CHAPTER 3

第一节　思维导图的原理

英国著名心理学家托尼·博赞在研究大脑的过程中，发现伟大的艺术家达·芬奇在他的笔记中使用了许多图画、代号和连线。他发现，这正是达·芬奇成功的秘诀所在。在此基础上，博赞于20世纪60年代发明了思维导图。

思维导图就是帮助你了解并掌握大脑工作原理的使用说明书。它能够：

①增强你的记忆能力。

②增强你的发散思维能力。

③增强你的谋篇布局能力。

为什么思维导图功效如此强大？道理其实很简单。

①它的结构类似于人脑，它的整个画面正像一个大脑的结构图。

②它层次清晰、思路分明、一目了然。

③它强化了联想功能，其主干和分支正像大脑中无限丰富的神经元连接。

④思维导图的结构性与整体性能让你更有效地把信息存进大脑，或是把信息从大脑中提取出来。

思维导图是一种需要充分发挥创造性思维来记笔记的方法，能够将你脑海中的想法转化成图画呈现出来。所有的思维导图都有一些共同之处：

①它们都包括不同的颜色。

②它们都有从中心发散出来的分支结构。

③它们都包括线条、符号、词汇和图像，遵循一套简单、基本、自然、易被大脑接受的规则。

④思维导图可以把一长串枯燥的信息变成彩色的、容易记忆的、有高度

组织性的图画，它与我们大脑处理信息的自然方式相吻合。

第二节 思维导图的制作

1. 绘制过程

绘制思维导图并不像你想象的那样复杂。

◇工具

你只需准备好下面提到的东西，就可以开始画了。

①A4白纸一张。

②彩色水笔和铅笔。

③你的大脑。

④你的想象！

◇步骤

①从白纸的中心开始画，周围要留出空白。从中心开始，充分发散你的思维。

②用一幅图像表达你的中心思想。"一幅图画抵得上上千个词汇"，它可以让你充分发挥想象力。

③绘图时尽可能地使用多种颜色。颜色和图像一样能让你的大脑兴奋。

④先连接中心图像和主要分支，然后再连接主要分支和二级分支，接着连二级分支和三级分支，以此类推。大脑都是通过联想来工作的，把分支连接起来，你会很容易地理解和记住更多的东西。

⑤用美丽的曲线连接，永远不要使用直线连接。你的大脑会对直线感到厌烦。曲线和分支，就像大树的枝杈一样，更能吸引你的眼球。要知道，曲

线更符合自然，具有更多美的因素。

⑥每条线上注明一个关键词。思维导图并不完全排斥文字，它更多的是强调将图像与文字的功能融于一体。一个关键词会使你的思维导图更加醒目，更为清晰。

⑦自始至终使用图像。每一个图像，就像中心图像一样，相当于一千个词汇。

2. 技巧

就像画画需要技巧一样，绘制思维导图也有一些独特的技巧要求。

①把纸张横着放，这样可以有效利用纸张空间。

②从图中心开始，向四周画出第一级分支（粗线条），为不同的线条标上颜色。根据实际需要可以增加线条。

③线条的长度略长于关键词。并且在每一个关键词旁边，画一个能够代表它、解释它的简笔画。

④根据需要扩展这幅思维导图。对于绘图者来讲，每一个关键词都会让他想到更多的词。例如，当你写下"苹果"这个词，你就会想到亚当夏娃偷吃禁果、苹果派、苹果手机等。根据你联想到的事物，从每一个关键词上发散出更多的连线。连线的数量取决于你所想到的东西的数量——当然，这可能有无数个。

第三节　思维导图的作用和思维方式

1. 思维导图有什么用

①同时使用左右脑所有功能，利用了色彩、线条、关键词、图像等，因

此可以大大增强记忆力。

②通过画思维导图，你的发散思维能力将不断提高，你对所画知识点的理解将更加深刻。

③整幅思维导图就像一个指挥部，它可以指挥其所代表的全部知识点。

④思维导图的设计简单，而且结构清晰、层次分明、一目了然，可以快速检索所需要的知识点。

⑤思维导图可以把书本"变薄"，从而大大减少复习时间，减轻学习负担。

⑥思维导图大量使用关键词，可以增强你的总结概括能力和谋篇布局能力。

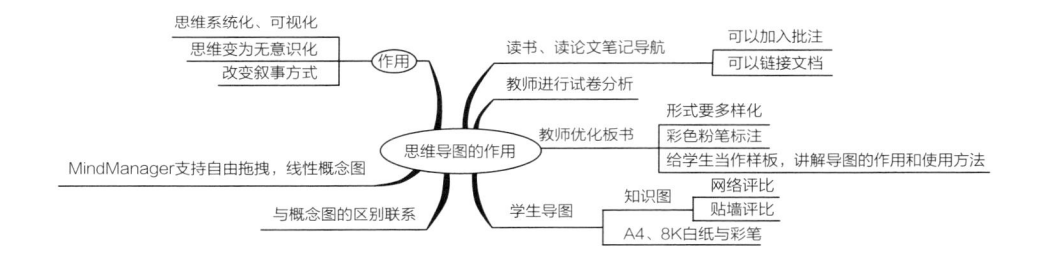

```
              思维系统化、可视化
              思维变为无意识化        读书、读论文笔记导航    可以加入批注
              改变叙事方式    作用                          可以链接文档
                                    教师进行试卷分析
                                                   形式要多样化
                          思维导图的作用  教师优化板书  彩色粉笔标注
MindManager支持自由拖拽、线性概念图                    给学生当作样板，讲解导图的作用和使用方法
                                              知识图    网络评比
              与概念图的区别联系        学生导图           贴墙评比
                                              A4、8K白纸与彩笔
```

2. 思维导图的思维方式

（1）横向思维。

要领：

①由一个中心主题联想出很多相关主题。

②所有的相关主题都围绕这一个中心主题。

③所有的相关主题之间都相互独立，不重复。

好处：它促使使用者在思考过程中充分发挥想象力，突破原有的知识圈，从一点或一方面遵循相关性原则向其他点或面呈网状扩散，通过知识的重新组合，找出更多、更新的可能答案、设想或解决办法。

（2）纵向思维。

要领：

①由一个中心主题联想到二级主题，再由二级主题联系想到三级主题，层层深入联想。

②下级主题围绕上级主题展开。举例：以幸福为主题，幸福——家——爸爸——农民——种田——水稻——粮食——生命——珍惜——身体——健康——锻炼——篮球——姚明——高——蓝天——白云……

第四节 用思维导图分析一本书

1. 为什么要把一本书变成一张思维导图

把一本书绘制成思维导图的价值是无法衡量的。第一，绘制思维导图的时候，你会增强对整本书的理解；第二，把一本书变成思维导图，可以把书本知识点浓缩；第三，绘制思维导图能减轻你的记忆负担。

2. 绘制思维导图的基本步骤

第一步，根据书本的篇章节细目，迅速找出全书的主题思想和结构框架。

第二步，先以全书的主题思想画一张整体思维导图。

第三步，根据每个章节的内容画出每章的思维导图。

第四步，把各章思维导图嫁接到一张思维导图中。

比如，把一本小说画成思维导图是很容易的，但如果小说有章节标题，这些标题可能并不是最好的主要分支，也许换成其他内容会更好些！

所有小说都是由确定的元素构成的，这就使你能够把整本书浓缩为一页纸。这些主要元素是：

①情节——小说一般都是由很多情节构成的，所以要先找到整个事件的结构，方便串联各个情节。

②人物——把小说中所有重要人物的类型和特征整理出来。

③背景——小说发生的时间和地点。

④语言——小说的语言风格、表达方式和整体的节奏。

⑤想象——想象的类型，以及作者为你提供的想象空间。

⑥主题——小说要表达的思想，常见的主题有爱情、权力、金钱、宗教等。

⑦哲学——找到整本小说所反映的社会现实以及哲学基础。

⑧类型——小说可以按不同的主题分类，例如政治类、冒险类、神秘类、侦探类、历史类等。

当你用这种方法绘制思维导图时，你会清楚人物间的关系以及在什么时间发生了什么事情。思维导图就像灯塔一样，能够指引你前进的方向，能够让你更深、更全面地理解和欣赏所阅读的作品。

第五节　用思维导图背诵文章

1. 分析背诵《岳阳楼记》（宋·范仲淹）

庆历四年春，滕子京谪守巴陵郡。越明年，政通人和，百废具兴，乃重修岳阳楼，增其旧制，刻唐贤今人诗赋于其上。属予作文以记之。

予观夫巴陵胜状，在洞庭一湖。衔远山，吞长江，浩浩汤汤，横无际涯；朝晖夕阴，气象万千。此则岳阳楼之大观也，前人之述备矣。然则北通巫峡，南极潇湘，迁客骚人，多会于此，览物之情，得无异乎？

若夫淫雨霏霏，连月不开，阴风怒号，浊浪排空；日星隐曜，山岳潜形；商旅不行，樯倾楫摧；薄暮冥冥，虎啸猿啼。登斯楼也，则有去国怀乡，忧谗畏讥，满目萧然，感极而悲者矣。

至若春和景明，波澜不惊，上下天光，一碧万顷；沙鸥翔集，锦鳞游泳；岸芷汀兰，郁郁青青。而或长烟一空，皓月千里，浮光跃金，静影沉璧，渔歌互答，此乐何极！登斯楼也，则有心旷神怡，宠辱偕忘，把酒临风，其喜洋洋者矣。

嗟夫！予尝求古仁人之心，或异二者之为，何哉？不以物喜，不以己悲；居庙堂之高则忧其民，处江湖之远则忧其君。是进亦忧，退亦忧。然则何时而乐耶？其必曰"先天下之忧而忧，后天下之乐而乐"乎。噫！微斯人，吾谁与归？

时六年九月十五日。

译文：庆历四年的春天，滕子京被降职到巴陵郡做太守。到了第二年，政事顺利，百姓和乐，各种荒废的事业都兴办起来了。于是重新修建岳阳楼，扩大它原有的规模，把唐代名家和当代人的赋刻在它上面。他嘱托我写一篇文章来记述这件事情。

我观看那巴陵郡的美好景色，全在洞庭湖上。它连接着远处的山，吞吐长江的水流，浩浩荡荡，无边无际，一天里阴晴多变，气象千变万化。这就是岳阳楼的雄伟景象，前人的记述（已经）很详尽了。虽然如此，但这里北面通到巫峡，南面直到潇水和湘水，被降职的官吏和吟诗作赋的诗人大多在这里聚会，（他们）观赏自然景物而触发的感情大概会有所不同吧？

像那阴雨连绵，接连几个月不放晴，寒风怒吼，浑浊的浪冲向天空；

太阳和星星隐藏起光辉，山岳隐没了形体；商人和旅客（一译：行商和客商）不能通行，船桅倒下，船桨折断；傍晚天色昏暗，虎在长啸，猿在悲啼，（这时）登上这座楼啊，就会有一种离开国都、怀念家乡，担心人家说坏话、惧怕人家批评指责，满眼都是萧条的景象，感慨到了极点而悲伤的心情。

到了春风和煦、阳光明媚的时候，湖面平静，没有惊涛骇浪，天色湖光相连，一片碧绿，广阔无际；沙洲上的鸥鸟，时而飞翔，时而停歇，美丽的鱼游来游去，岸上的香草和小洲上的兰花，香气馥郁，颜色青翠。有时大片烟雾完全消散，皎洁的月光一泻千里，波动的光闪着金色，静静的月影像沉入水中的玉璧，渔夫的歌声你唱我和地响起来，这种乐趣（真是）无穷无尽啊！（这时）登上这座楼，就会感到心胸开阔、心情愉快，光荣和屈辱一并忘了，端着酒杯，吹着微风，那真是快乐高兴极了。

唉！我曾经探求古时品德高尚之人的思想感情，或许不同于（以上）两种人的心情，这是为什么呢？（是由于）他们不因外物好坏和自己得失而或喜或悲。在朝廷上做官时，就为百姓担忧；在江湖上不做官时，就为国君担忧。这样来说，在朝廷做官也担忧，处在僻远的江湖也担忧。既然这样，那么他们什么时候才会感到快乐呢？他们一定会说："在天下人忧之前先忧，在天下人乐之后才乐。"

唉！如果没有这样的人，我同谁一道呢？

写于庆历六年九月十五日。

第一步，分析全文。

第二步，画思维导图。

《岳阳楼记》思维导图

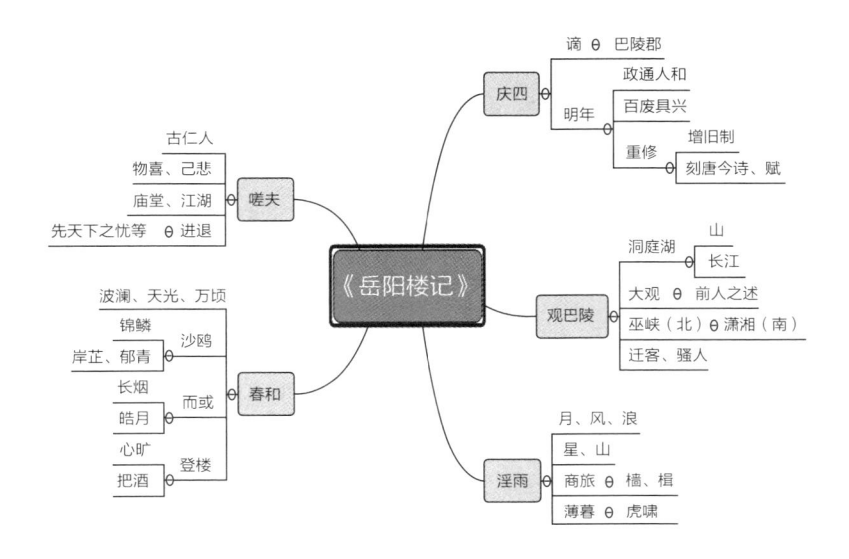

- 庆四
  - 谪 → 巴陵郡
  - 明年
    - 政通人和
    - 百废具兴
  - 重修
    - 增旧制
    - 刻唐今诗、赋
- 嗟夫
  - 古仁人
  - 物喜、己悲
  - 庙堂、江湖
  - 先天下之忧等 → 进退
- 春和
  - 波澜、天光、万顷
  - 沙鸥
    - 锦鳞
    - 岸芷、郁青
  - 而或
    - 长烟
    - 皓月
  - 登楼
    - 心旷
    - 把酒
- 观巴陵
  - 洞庭湖 → 山 → 长江
  - 大观 → 前人之述
  - 巫峡（北）→ 潇湘（南）
  - 迁客、骚人
- 淫雨
  - 月、风、浪
  - 星、山
  - 商旅 → 樯、楫
  - 薄暮 → 虎啸

第三步，根据思维导图快速复习全文。

2. 分析背诵《詹天佑》节选（佚名）

詹天佑不怕困难，也不怕嘲笑，毅然接受了任务，马上开始勘测线路。哪里要开山，哪里要架桥，哪里要把陡坡铲平，哪里要把弯度改小，都要经过勘测，进行周密计算。詹天佑经常勉励工作人员，说："我们的工作首先要精密，不能有一点儿马虎。'大概''差不多'这类说法不应该出自工程人员之口。"他亲自带着学生和工人，扛着标杆，背着经纬仪，在峭壁上定点、测绘。塞外常常狂风怒号，黄沙满天，一不小心还有坠入深谷的危险。不管条件怎样恶劣，詹天佑始终坚持在野外工作。白天，他攀山越岭，勘测线路；晚上，他就在油灯下绘图、计算。为了寻找一条合适的线路，他常常请教当地的农民。遇到困难，他总是想：这是中国人自己修筑的第一条铁路，一定要把它修好；否则，不但惹外国人讥笑，还会使中国的工程师失掉信心。

铁路要经过很多高山，不得不开凿隧道，其中数居庸关和八达岭两条隧道的工程最艰巨。居庸关山势高，岩层厚，詹天佑决定采用从两端同时向中间凿进的办法。山顶的泉水往下渗，隧道里满是泥浆。工地上没有抽水机，詹天佑就带头挑着水桶去排水。他常常跟工人们同吃同住，不离开工地。八达岭隧道长一千一百多米，有居庸关隧道的三倍长。他跟老工人一起商量，决定采用中部凿井法，先从山顶往下打一口竖井，再分别向两头开凿，外面两端也同时施工，把工期缩短了一半。

铁路经过青龙桥附近，坡度特别大。火车怎样才能爬上这样的陡坡呢？詹天佑顺着山势，设计了一种"人"字形线路。北上的列车到了南口就用两个火车头，一个在前边拉，一个在后边推。过青龙桥，列车向东北前进，过了"人"字形线路的岔道口就倒过来，原先推的火车头拉，原先拉的火车头推，使列车折向西北前进。这样一来，火车上山就容易得多了。

京张铁路不满四年就全线竣工了，比计划提早两年。这件事给了藐视中国的帝国主义者一个有力的回击。今天，我们乘火车去八达岭，过青龙桥车站，可以看到一座铜像，那就是詹天佑的塑像。

第一步，分析全文。

第二步，画思维导图。

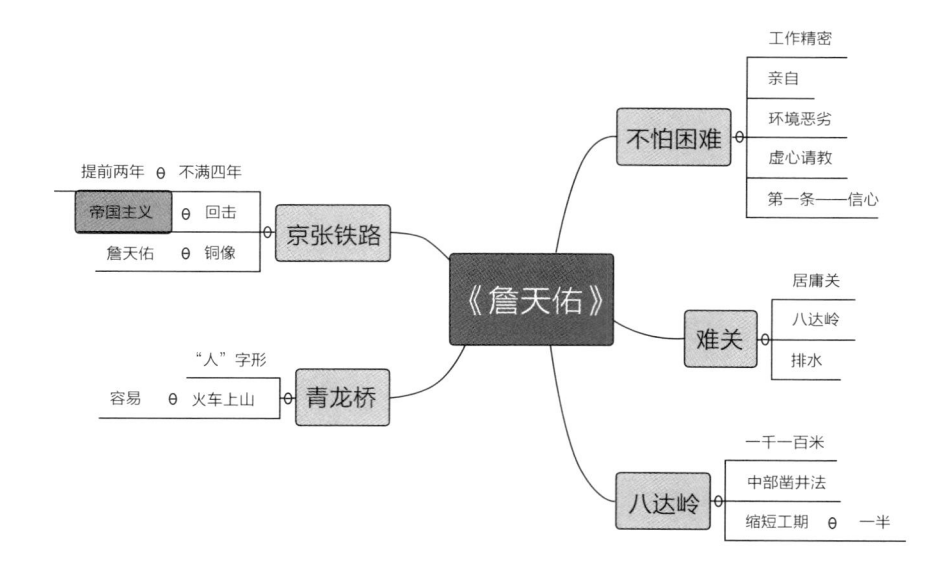

第三步，根据思维导图快速复习全文。

第六节　用思维导图记单词

英语单词大多是由最原始的词根衍生而来，很多单词是由一个词根加上前缀、后缀演变成的。我们通过学习可以发现，小学、初中的英语单词都比较短、比较简单；高中、大学的单词很长，但很多是以前学习过的单词加上前后缀演变过来的。所以，如果我们发挥思维导图总结概括的功能和记忆的功能，把所有的英语单词整理出来，就可以达到"记一个单词等于记了10多个甚至更多单词"的效果。而且，这样还可以加深对单词的理解。此外，整理出思维导图后，还要结合定桩法和串联法记住整幅图。

1. 记住以"arm"为中心的相关英语单词

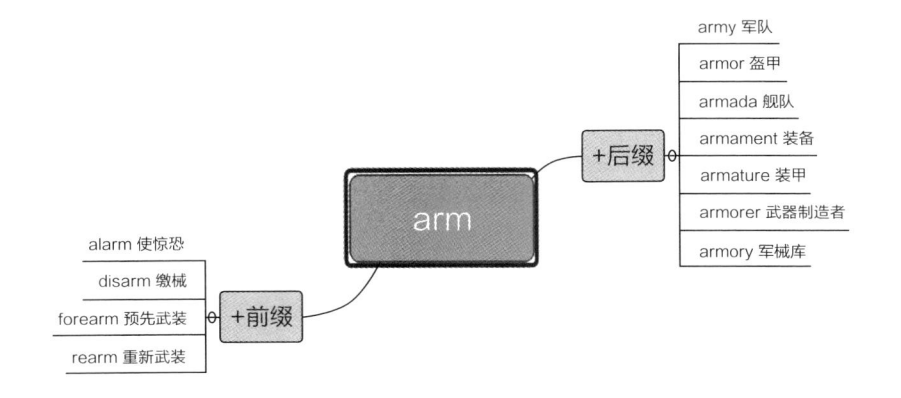

```
                                          army 军队
                                          armor 盔甲
                                          armada 舰队
                              +后缀────── armament 装备
                          ┌───┘           armature 装甲
                  ┌───arm───┐              armorer 武器制造者
    alarm 使惊恐  │         │              armory 军械库
    disarm 缴械   │
    forearm 预先武装 ──+前缀
    rearm 重新武装
```

分析：这是一张与"arm"相关的英语单词思维导图，只要掌握这张导图，与"arm"相关的单词就都可以快速掌握，不仅提高了学习效率，还能加强对单词的理解。

2. 记住与"gress"相关的英语单词

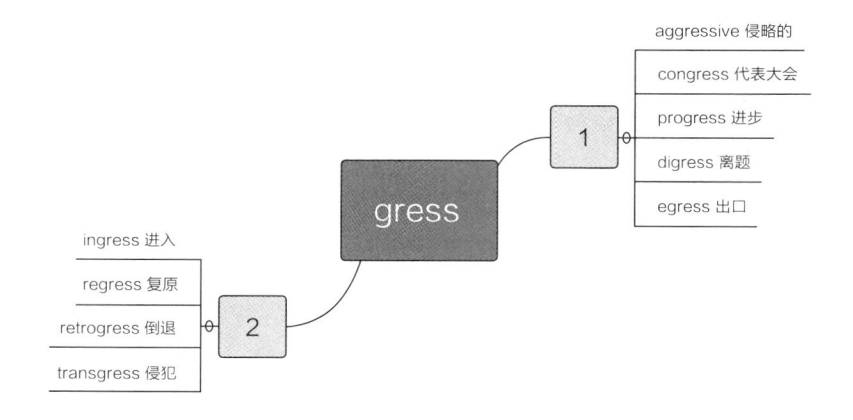

```
                                    ┌─ aggressive 侵略的
                                    ├─ congress 代表大会
                            ┌─ 1 ──┼─ progress 进步
                            │       ├─ digress 离题
                            │       └─ egress 出口
              ┌─────────┐  │
              │  gress  │──┤
              └─────────┘  │
                            │       ┌─ ingress 进入
                            │       ├─ regress 复原
                            └─ 2 ──┼─ retrogress 倒退
                                    └─ transgress 侵犯
```

分析：这是一张与"gress"相关的英语单词思维导图，我们只要掌握"gress"这个词根，就能通过该图掌握更多单词。

3. 记住与"sent"相关的英语单词

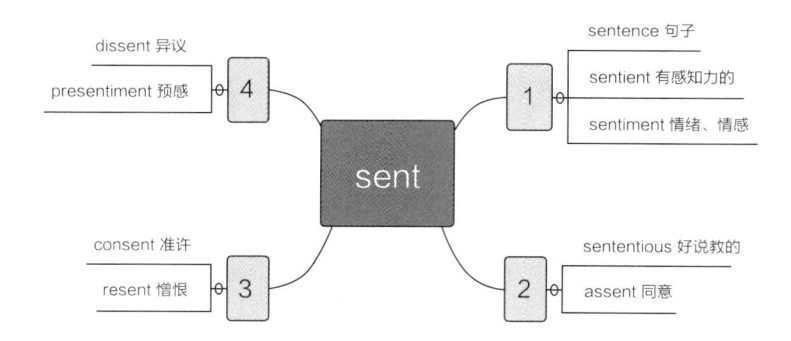

```
         dissent 异议                              sentence 句子
         presentiment 预感 ─ 4 ─┐        ┌─ 1 ─ sentient 有感知力的
                                │        │        sentiment 情绪、情感
                            ┌──┴────────┴──┐
                            │     sent     │
                            └──┬────────┬──┘
         consent 准许          │        │        sententious 好说教的
         resent 憎恨 ────── 3 ─┘        └─ 2 ─ assent 同意
```

分析：这是一张与"sent"相关的英语单词思维导图，通过这张导图，我们可以同时掌握九个英语单词，大大提高单词记忆效率，并且能对英语单词的关联性有深刻的认识，对单词的发展由来也有更深的理解。

4. 记住与"part"相关的英语单词

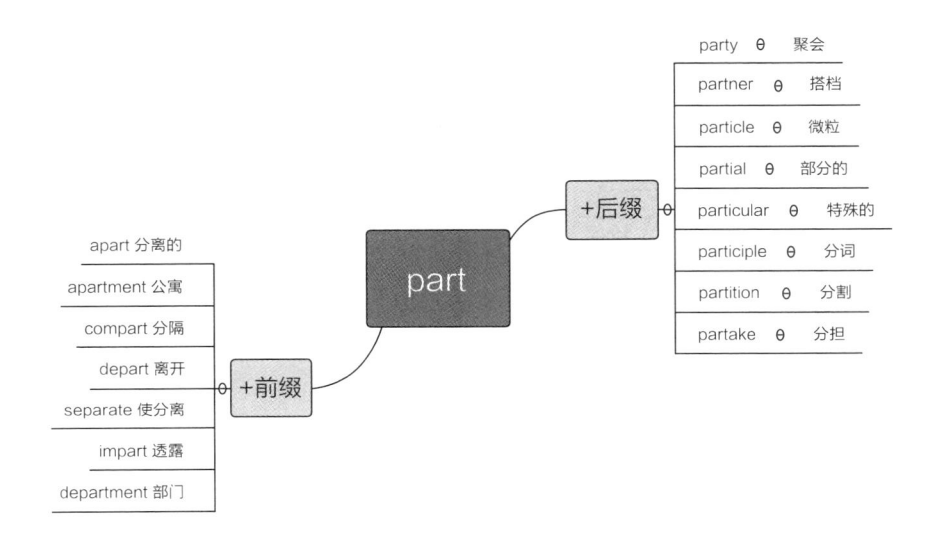

```
                                    ┌─ party      —  聚会
                                    ├─ partner    —  搭档
                                    ├─ particle   —  微粒
                                    ├─ partial    —  部分的
                          ┌─ +后缀 ──┼─ particular —  特殊的
                          │         ├─ participle —  分词
                          │         ├─ partition  —  分割
                          │         └─ partake    —  分担
              ┌─ part ────┤
              │           │
  apart 分离的 │           │
  apartment 公寓           │
  compart 分隔             │
  depart 离开   ── +前缀 ──┘
  separate 使分离
  impart 透露
  department 部门
```

分析：这是一张与"part"相关的英语单词思维导图，通过这张导图，我们可以熟悉十几个与"part"相关的单词，大大提高了单词复习效率，减轻了学习负担。

第七节 思维导图在理科中的应用

1. 数学思维导图

这是一张小学数学单位换算的思维导图，通过这张思维导图，整个知识点一目了然，学生能够瞬间厘清思路。

单位换算思维导图

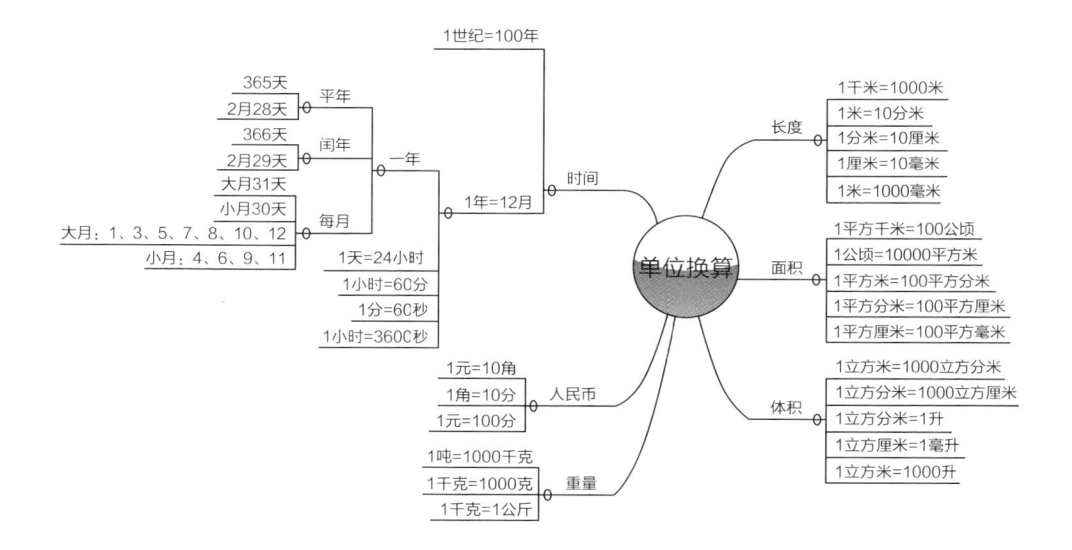

时间
- 1世纪=100年
- 一年
  - 平年：365天，2月28天
  - 闰年：366天，2月29天
  - 每月：大月31天，小月30天
    - 大月：1、3、5、7、8、10、12
    - 小月：4、6、9、11
  - 1年=12月
- 1天=24小时
- 1小时=60分
- 1分=60秒
- 1小时=3600秒

人民币
- 1元=10角
- 1角=10分
- 1元=100分

重量
- 1吨=1000千克
- 1千克=1000克
- 1千克=1公斤

长度
- 1千米=1000米
- 1米=10分米
- 1分米=10厘米
- 1厘米=10毫米
- 1米=1000毫米

面积
- 1平方千米=100公顷
- 1公顷=10000平方米
- 1平方米=100平方分米
- 1平方分米=100平方厘米
- 1平方厘米=100平方毫米

体积
- 1立方米=1000立方分米
- 1立方分米=1000立方厘米
- 1立方分米=1升
- 1立方厘米=1毫升
- 1立方米=1000升

2. 物理思维导图

这是一张初中物理思维导图，这张导图把知识点脉络整理得很清晰，有利于学生理解和记忆。

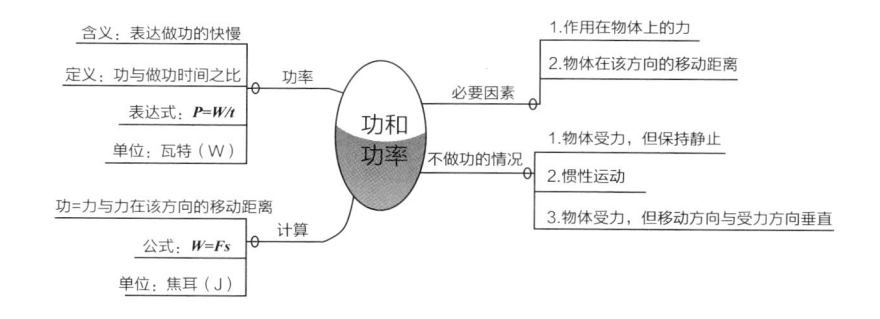

功和功率

- 功率
  - 含义：表达做功的快慢
  - 定义：功与做功时间之比
  - 表达式：$P=W/t$
  - 单位：瓦特（W）
- 必要因素
  - 1.作用在物体上的力
  - 2.物体在该方向的移动距离
- 不做功的情况
  - 1.物体受力，但保持静止
  - 2.惯性运动
  - 3.物体受力，但移动方向与受力方向垂直
- 计算
  - 功=力与力在该方向的移动距离
  - 公式：$W=Fs$
  - 单位：焦耳（J）

3. 化学思维导图

这是一张化学思维导图，把"碳和碳的化合物"这一章节的知识系统分析得很清晰，有利于学生理解和记忆。

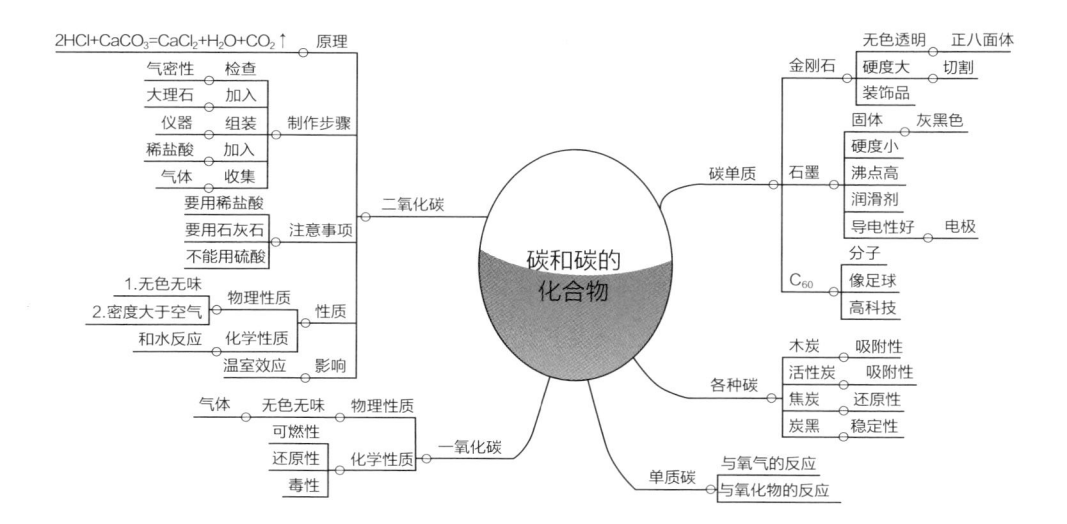

碳和碳的化合物

- **二氧化碳**
  - 原理：$2HCl+CaCO_3=CaCl_2+H_2O+CO_2\uparrow$
  - 制作步骤
    - 检查——气密性
    - 加入——大理石
    - 组装——仪器
    - 加入——稀盐酸
    - 收集——气体
  - 注意事项
    - 要用稀盐酸
    - 要用石灰石
    - 不能用硫酸
  - 性质
    - 物理性质
      - 1.无色无味
      - 2.密度大于空气
    - 化学性质——和水反应
  - 影响——温室效应

- **一氧化碳**
  - 物理性质：气体、无色无味
  - 化学性质
    - 可燃性
    - 还原性
    - 毒性

- **碳单质**
  - 金刚石
    - 无色透明——正八面体
    - 硬度大——切割
    - 装饰品
  - 石墨
    - 固体——灰黑色
    - 硬度小
    - 沸点高
    - 润滑剂
    - 导电性好——电极
  - C_{60}
    - 分子
    - 像足球
    - 高科技

- **各种碳**
  - 木炭——吸附性
  - 活性炭——吸附性
  - 焦炭——还原性
  - 炭黑——稳定性

- **单质碳**
  - 与氧气的反应
  - 与氧化物的反应

第四章
高效记忆法的学科运用

CHAPTER 4

第一节　用情景画面法记忆七言绝句

古诗文一般具有一定的意境,通过画草图,再结合图像记忆的原理,我们很容易快速高效地记住一篇古诗。

步骤如下:

①根据诗文的意境设计一个大的空间背景;

②针对每一句诗的关键词画出图像;

③对图像按顺序进行整理。

1. 记忆古诗《夜雨寄北》(唐·李商隐)

君问归期未有期,巴山夜雨涨秋池。

何当共剪西窗烛,却话巴山夜雨时。

2. 记忆古诗《江南春》(唐·杜牧)

千里莺啼绿映红,水村山郭酒旗风。

南朝四百八十寺，多少楼台烟雨中。

3. 记忆古诗《江畔独步寻花·其五》（唐·杜甫）

黄师塔前江水东，春光懒困倚微风。

桃花一簇开无主，可爱深红爱浅红？

4. 记忆古诗《书湖阴先生壁》（宋·王安石）

茅檐长扫净无苔，花木成畦手自栽。

一水护田将绿绕，两山排闼送青来。

第二节 用地点定桩法记忆《古朗月行》

小时不识月，呼作白玉盘。

又疑瑶台镜，飞在青云端。

仙人垂两足，桂树何团团。

白兔捣药成，问言与谁餐？

蟾蜍蚀圆影，大明夜已残。

羿昔落九乌，天人清且安。

阴精此沦惑，去去不足观。

忧来其如何？凄怆摧心肝。

📝 **译文**：小时候不认识月亮，把它称为白玉盘。又怀疑是瑶台仙镜，飞在夜空青云之上。月中的仙人是垂着双脚吗？月中的桂树为什么长得圆圆的？白兔捣成的仙药，到底是给谁吃的呢？蟾蜍把圆月啃食得残缺不全，皎洁的月儿因此晦暗不明。后羿射下了九个太阳，天上人间免却灾难清明安宁。月亮已经沦没而迷惑不清，没有什么可看的，不如远远走开吧。心怀忧虑啊又何忍一走了之，凄惨悲伤让我肝肠寸断。

💬 **记忆**：

第一，找地点。本诗有16句，我们从下图找8个地点。

地点依次为：

①沙发；②窗帘；③柱子；④电视；⑤花瓶；⑥壁柜；⑦坐榻；⑧茶几。

第二：联想记忆。

①沙发：想象沙发上坐着一个小孩正在用手指着外面的月亮，说那是白玉盘。

②窗帘：想象窗帘上绣了一个瑶台镜，上面有个问号，还绣了一朵青色的云。

③柱子：想象柱子上有一个赤脚大仙垂着两只大脚，大仙头上长着桂树，树上还有一团团桂花。

④电视：想象电视里播放着一只玉兔刚刚捣完药，玉兔头上有个问号，正在询问中午与谁吃饭。

⑤花瓶：想象花瓶上有只蟾蜍在吃月亮的影子，然后天亮了，夜晚就消失了。

⑥壁柜：想象壁柜上有个后羿在射金乌（太阳），而后天上的神仙才能过上安逸、清静的日子。

⑦坐榻：想象有个月亮慢慢地从坐榻上沉沦下去变得不清了，有人挥挥手说不值得观看。

⑧茶几：想象茶几上有个人很担忧，还有个人哭得很伤心。

第三节　用数字定桩法记忆《琵琶行》

浔阳江头夜送客，枫叶荻花秋瑟瑟。主人下马客在船，举酒欲饮无管弦。醉不成欢惨将别，别时茫茫江浸月。忽闻水上琵琶声，主人忘归客不发。寻声暗问弹者谁？琵琶声停欲语迟。移船相近邀相见，添酒回灯重开宴。千呼万唤始出来，犹抱琵琶半遮面。转轴拨弦三两声，未成曲调先有情。弦弦掩抑声声思，似诉平生不得志。低眉信手续续弹，说尽心中无限事。

轻拢慢捻抹复挑，初为《霓裳》后《六幺》。大弦嘈嘈如急雨，小弦切切如私语。

嘈嘈切切错杂弹，大珠小珠落玉盘。间关莺语花底滑，幽咽泉流冰下难。
冰泉冷涩弦凝绝，凝绝不通声暂歇。别有幽愁暗恨生，此时无声胜有声。
银瓶乍破水浆迸，铁骑突出刀枪鸣。曲终收拨当心画，四弦一声如裂帛。
东船西舫悄无言，唯见江心秋月白。沉吟放拨插弦中，整顿衣裳起敛容。
自言本是京城女，家在虾蟆陵下住。十三学得琵琶成，名属教坊第一部。
曲罢曾教善才服，妆成每被秋娘妒。五陵年少争缠头，一曲红绡不知数。
钿头银篦击节碎，血色罗裙翻酒污。今年欢笑复明年，秋月春风等闲度。
弟走从军阿姨死，暮去朝来颜色故。门前冷落鞍马稀，老大嫁作商人妇。
商人重利轻别离，前月浮梁买茶去。去来江口守空船，绕船月明江水寒。
夜深忽梦少年事，梦啼妆泪红阑干。我闻琵琶已叹息，又闻此语重唧唧。
同是天涯沦落人，相逢何必曾相识！我从去年辞帝京，谪居卧病浔阳城。
浔阳地僻无音乐，终岁不闻丝竹声。住近湓江地低湿，黄芦苦竹绕宅生。
其间旦暮闻何物？杜鹃啼血猿哀鸣。春江花朝秋月夜，往往取酒还独倾。
岂无山歌与村笛？呕哑嘲哳难为听。今夜闻君琵琶语，如听仙乐耳暂明。
莫辞更坐弹一曲，为君翻作《琵琶行》。感我此言良久立，却坐促弦弦转急。

凄凄不似向前声，满座重闻皆掩泣。座中泣下谁最多？江州司马青衫湿。

第一步，找数字编码（1~44）。

01	02	03	04	05	06	07	08	09	10
小树	铃儿	凳子	汽车	手套	手枪	锄头	溜冰鞋	猫	棒球
11	12	13	14	15	16	17	18	19	20
梯子	椅儿	医生	钥匙	鹦鹉	石榴	仪器	腰包	衣钩	香烟

续表

21	22	23	24	25	26	27	28	29	30
鳄鱼	双胞胎	和尚	闹钟	二胡	河流	耳机	恶霸	饿囚	三轮车
31	32	33	34	35	36	37	38	39	40
鲨鱼	扇儿	星星	三丝	山虎	山鹿	山鸡	妇女	山丘	司令
41	42	43	44						
蜥蜴	柿子	石山	蛇						

第二步,联想记忆。

例如:

01——小树:想象树下面有一条浔阳江,有个人在送客人,旁边有一条船,还有很多芦苇。

02——铃儿:想象马路上有个人下马了,还有个人在船上,两个人在饮酒但是没有管弦,只能敲铃铛了。

03——凳子:想象两个人喝醉了,坐在凳子上,离别时江上还有月亮的倒影。

04——汽车:想象江边忽然来了一辆汽车,有个人从车上下来给大家弹琵琶,主人听得忘记归家,客人也不发船了。

05——手套:主人戴着手套,跟着声源询问弹琵琶的人是谁,琵琶声停了,那个人想要说什么但是又迟迟不说。

06——手枪:想象有两艘船快要靠近了,船上的人相互拿着手枪射击,但是后来又握手言和,重新点灯饮酒。

07——锄头:想象一个拿着锄头的人,千呼万唤才肯出来,出来时还抱着琵琶遮住面容。

08——溜冰鞋:想象一个穿着溜冰鞋的人,转身拨弄琴弦试弹了几声,虽然没有形成曲调,但已经充满了感情。

后面的诗句可以自己尝试记忆：

09——猫：_____

10——棒球：_____

11——梯子：_____

12——椅儿：_____

13——医生：_____

14——钥匙：_____

15——鹦鹉：_____

16——石榴：_____

17——仪器：_____

18——腰包：_____

19——衣钩：_____

20——香烟：_____

第三步，快速回忆。

第四节　用字头歌诀法记忆五言绝句

1. 记忆古诗《春夜喜雨》（唐·杜甫）

好雨知时节，当春乃发生。

随风潜入夜，润物细无声。

野径云俱黑，江船火独明。

晓看红湿处，花重锦官城。

译文：好雨仿佛知道季节的变化，春天来临时就催发植物生长。伴随着春风悄悄地飘洒在夜里，滋润着万物，细微而没有声音。田野里的小路上笼罩着乌云，黑茫茫一片，只有江中船上的灯火独自明亮。到天亮时，再看那雨水润湿的花丛，春花沉甸甸的，妆点着锦官城（成都别称）。

记忆：

第一步，找字头：好、当、随、润、野（夜）、江、晓、花。

第二步，编口诀：好人应当很随和，一个湿润的夜晚，我在江边知晓花开。

2. 记忆古诗《商山早行》（唐·温庭筠）

晨起动征铎，客行悲故乡。

鸡声茅店月，人迹板桥霜。

槲叶落山路，枳花明驿墙。

因思杜陵梦，凫雁满回塘。

译文：黎明起床，车马的铃铎已叮当作响；一路远行，游子悲思故乡。鸡鸣声嘹亮，茅草店沐浴着晓月的余晖；足迹依稀，木板桥覆盖着早春的寒霜。枯败的槲叶，落满了荒山的野路；淡白的枳花，鲜艳地开放在驿站的泥墙上。因而想起昨夜梦见杜陵的美好情景，一群群凫雁，正嬉戏在岸边曲折的池塘里。

记忆：

第一步，找字头：晨、客、鸡、人、槲、枳、因、凫。

第二步，编口诀：早晨给客人杀鸡，有人在槲树下偷枳果，因此惊动了凫。

第五节 用关键词串联法记忆《观沧海》《行路难》

1. 记忆古诗《观沧海》(汉·曹操)

东临碣石,以观沧海。

水何澹澹,山岛竦峙。

树木丛生,百草丰茂。

秋风萧瑟,洪波涌起。

日月之行,若出其中。

星汉灿烂,若出其里。

幸甚至哉,歌以咏志。

译文:东行登上碣石山,来观赏苍茫的大海。海水多么宽阔浩荡,碣石山高高耸立在海边。碣石山上树木丛生,各种草长得很繁茂。秋风吹动树木发出悲凉的声音,海上翻腾着巨大的波浪。日月的运行,好像是从海中发出的。银河星光灿烂,好像也是从海中产生的。太值得庆幸了!就用诗歌来表达心志吧。

记忆:

第一步,找关键词:碣石、沧海、澹澹(淡淡)、山岛、树木、百草、秋风、洪波、日月、其中、星汉、其里、幸甚、咏志。

第二步,关键词串联:我把碣石扔到了沧海,沧海的颜色淡淡的,淡淡的水流到了山岛间,山岛上有树木和百草,百草上刮起了秋风,秋风吹起了洪波,洪波惊动了日月,日月其中有星汉,星汉在其里很幸甚,所以唱歌咏志。

第三步，快速回忆。

2. 记忆古诗《行路难·其一》（唐·李白）

金樽清酒斗十千，玉盘珍羞直万钱。（"羞"通"馐"，"直"通"值"）

停杯投箸不能食，拔剑四顾心茫然。

欲渡黄河冰塞川，将登太行雪满山。（"雪满山"一作"雪暗天"）

闲来垂钓碧溪上，忽复乘舟梦日边。

行路难！行路难！多歧路，今安在？

长风破浪会有时，直挂云帆济沧海。

译文：金杯里装的名酒，每斗要价十千；玉盘中盛的精美菜肴，收费万钱。心中郁闷啊，我停下杯筷吃不下；拔剑环顾四周，心里一片茫然。想渡黄河，冰雪却堵塞了河川；要登太行山，莽莽的风雪早已封山。像吕尚溪边垂钓，闲待东山再起；又像伊尹做梦，乘船经过日边。人生的道路呵，多么艰难，多么艰难；眼前歧路这么多，我该向北向南？相信总有一天，能乘长风破万里浪；高高挂起云帆，在沧海中勇往直前！

记忆：

第一步，找关键词：金樽、玉盘、停杯、拔剑、黄河、太行、垂钓、乘舟、行路难、歧路、长风、云帆。

第二步，关键词串联：我拿着金樽砸碎了玉盘，玉盘碎了大家只能停杯，停杯后的客人拔剑指向黄河与太行山。太行山有很多人在垂钓，垂钓的人爱乘舟，乘舟的过程让我感受到行路难，感觉这就是歧路，歧路上刮起长风，长风吹起了云帆。

第六节 用动物定桩法记忆《弟子规》部分篇章

兄道友，弟道恭，兄弟睦，孝在中。

财物轻，怨何生，言语忍，忿自泯。

或饮食，或坐走，长者先，幼者后。

长呼人，即代叫，人不在，己即到。

称尊长，勿呼名，对尊长，勿见能。

路遇长，疾趋揖，长无言，退恭立。

骑下马，乘下车，过犹待，百步余。

长者立，幼勿坐，长者坐，命乃坐。

尊长前，声要低，低不闻，却非宜。

进必趋，退必迟，问起对，视勿移。

事诸父，如事父，事诸兄，如事兄。

第一步，找固定动物桩（十二生肖）：鼠、牛、虎、兔、龙、蛇、马、羊、猴、鸡、狗，共11个。

核心要点：第一，想象画面要清晰；第二，要是亲身经历的画面。

记忆靠的是图像，每个人的思维习惯都不一样，文字表达只起到引导作用，你的想象可以更丰富一些。

第二步，联想记忆。

①兄道友，弟道恭，兄弟睦，孝在中——鼠。

译文：当哥哥姐姐的要友爱弟妹，做弟妹的应恭敬兄姐，这样兄弟姐妹就能和睦而减少冲突，父母心中就快乐。这和睦当中就存在孝道。

记忆：想象画面——在一个老鼠窝里，哥哥和姐姐对自己的弟弟妹妹很友爱，弟弟妹妹也很恭敬兄长和姐姐。兄弟姐妹之间和睦相处，父母很高兴，这也算是一种孝道。

②财物轻，怨何生，言语忍，忿自泯——牛。

📝 **译文**：把身外的钱财物品看轻点，少计较，兄弟之间就不会产生怨恨；讲话时不要太冲动，伤感情的话要能忍住不说，那么不必要的冲突怨恨就会消失无踪。

💭 **记忆**：想象画面——一头老黄牛把财物看得很轻，别人就不会产生怨恨；牛讲话时从来不冲动，不说伤感情的话，所以愤怒自然消除。

③或饮食，或坐走，长者先，幼者后——虎。

📝 **译文**：不管是吃东西还是喝饮品，都要请长辈先用；如果和长辈坐在一起，要请长辈先坐；如果和长辈走在一起，应让长辈先走。

💭 **记忆**：想象画面——老虎很有礼貌，吃喝先让长辈；看见长辈来，也请长辈先坐；和长辈走在一起，也先让长辈走，这就是虎王的气度。

④长呼人，即代叫，人不在，己即到——兔。

📝 **译文**：长辈呼叫他人时，自己听见了，要替长辈去传唤。如果所叫的人不在，自己应当回来报告长辈，并进一步请问长辈，有没有需要帮忙的事情。

💭 **记忆**：想象画面——一只兔子听见长辈在呼唤一个朋友，它马上去帮忙传唤。有一次，兔子发现同伴不在，就主动跑过去问长辈有什么需要帮忙的。

⑤称尊长，勿呼名，对尊长，勿见能——龙。

📝 **译文**：称呼长辈时，不可以直呼长辈的名字，那是不礼貌的行为；在长辈面前，不要炫耀自己的才能，藐视长辈。

💭 **记忆**：想象画面——龙在称呼长辈时，从来不直呼长辈的名字，因为那是不礼貌的；龙在长辈面前从不炫耀自己的才能，从不藐视长辈。

⑥路遇长，疾趋揖，长无言，退恭立。——蛇。

译文：路上遇到长辈，要赶紧走上前去行礼问好；如果长辈没和我们说话，就恭敬地退后站立，等长辈离去。

记忆：想象画面——蛇在路上爬行时遇见了长辈，它赶紧上前行礼问好。长辈没有和它说话，它就恭敬地退后站立等长辈离开后它才继续前行。

⑦骑下马，乘下车，过犹待，百步余——马。

译文：如果自己在骑马时遇到长辈，就应该下马问候，乘坐车辆时也应该下车问候；等长辈离我们大约百步的距离以后，我们再上马或上车。

记忆：想象画面——有个人骑着马，遇到长辈就下马了；还有个人乘车时，看到长辈，也下车问候。两个都等长辈离开大概百步的距离后，才上马或上车。

⑧长者立，幼勿坐，长者坐，命乃坐——羊。

译文：长辈站着，晚辈一定也要站着；长辈坐下，吩咐我们坐下时，我们再坐。

记忆：想象画面——一只山羊公公站着，其他小羊羔也站着；山羊公公坐下，并且吩咐其他小羊羔坐下，它们才坐。

⑨尊长前，声要低，低不闻，却非宜——猴。

译文：在长辈面前讲话，声音要低，但是回答的声音低到听不清楚也不合适，要和颜悦色，声音柔和清晰才好。

记忆：想象画面——一个长得像猴子的人，在长辈面前讲话时，声音很低，但是回答的声音低到听不清楚，觉得不太合适，所以他又变得和颜悦色，声音柔和清晰。

⑩进必趋，退必迟，问起对，视勿移——鸡。

译文：长辈有事要快步上前，离开时则从容缓慢；长辈相问时，起立作答再坐下，视线勿东张西望。

记忆：想象画面——一只小鸡看到长辈有事，就赶紧跑过去，离开时从容缓慢；长辈问它问题时，它就起立作答再坐下，视线从不东张西望。

⑪事诸父，如事父，事诸兄，如事兄——狗。

译文：对待叔叔伯伯，要像对待自己的父亲一样恭敬；对待同族兄长，要像对待自己的胞兄一样友爱。

记忆：想象画面——狗娃对待自己的叔叔伯伯，像对待父亲一样恭敬；对待同族兄长，像对待自己的亲兄弟一样。

第七节 用汽车定桩法记忆《陋室铭》

山不在高，有仙则名。水不在深，有龙则灵。斯是陋室，惟吾德馨。苔痕上阶绿，草色入帘青。谈笑有鸿儒，往来无白丁。可以调素琴，阅金经。无丝竹之乱耳，无案牍之劳形。南阳诸葛庐，西蜀子云亭。孔子云：何陋之有？

译文：山不在于高，有了神仙就会有名气。水不在于深，有了龙就显得有灵气。这虽是简陋的房子，但是我（居住的人）品德好（就感觉不到简陋了）。长到台阶上的苔痕颜色碧绿；草色青葱，映入帘中。在这里谈笑的都是知识渊博的学者，来往的没有知识浅薄的人。可以弹奏不加装饰的古琴，阅读佛经。没有弦管奏乐的声音扰乱双耳，没有官府的公文使身体劳累。南阳有诸葛亮的草庐，西蜀有扬子云的亭子。孔子说："有什么简陋的呢？"

记忆：

第一步，找汽车桩。

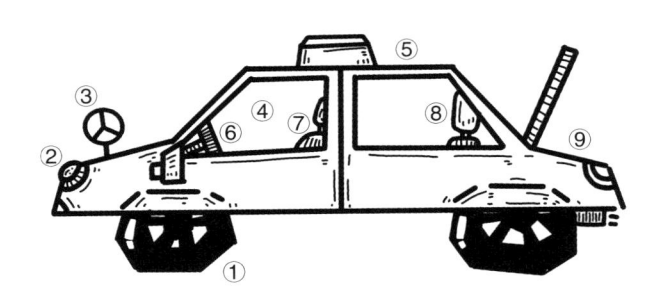

①车轮；②车灯；③奔驰标志；④玻璃；⑤车顶；⑥方向盘；⑦前排座椅；⑧后排座椅；⑨后备箱。

第二步，联想记忆。

①想象有一个山上的神仙被车轮压住了。

②想象车灯撞到了水中的一条龙。

③想象只有有德行的人才配拥有奔驰标志。

④想象玻璃上有很多苔藓痕迹和青色的小草。

⑤想象车顶上有很多有学问的人，他们不和没有学问的人交往。

⑥想象把握方向盘的人能在开车时一边弹琴一边看书。

⑦想象前排座椅上有音乐响起，还有很多公文。

⑧想象后排座椅坐着名人诸葛亮和扬子云。

⑨想象孔子在后备箱说没有什么简陋的。

第三步，快速复习全文。

第八节　用连锁串联法记忆现代诗文

有不少学生害怕背诵文章，主要原因有哪些呢？

我以前在学校进行公益讲座的时候，做过多次现场调查，得出以下主要结论：

首先，大部分学生背诵文章都是靠着一股"书读百遍，其义自见"的猛劲儿反复读，而这种反复读的记忆过程是极其枯燥的。

其次，传统的死记硬背也许能够记下来，但是记了又忘，遗忘的速度实在太快。

最后，有些老师当学生背不出来古诗、文章或者单词时，就让学生多抄写几遍，这个抄写的过程让学生对背诵产生了厌倦，更何况抄写也不一定就能记住。

那么，既然这种死记硬背的方式效率低又枯燥，我们为什么不换一套记忆方法呢？灵活运用本书介绍的各种记忆方法，不仅能提高我们的学习效率，还能激发学习兴趣与内在动机，增强学习的主动性和积极性。

1. 记忆现代诗《天上的街市》（郭沫若）

远远的街灯明了，

好像闪着无数的明星。

天上的明星现了，

好像点着无数的街灯。

我想那缥缈的空中，

定然有美丽的街市。

街市上陈列的一些物品，

定然是世上没有的珍奇。

你看，那浅浅的天河，

定然是不甚宽广。

那隔着河的牛郎织女，

定能够骑着牛儿来往。

我想他们此刻，

定然在天街闲游。

不信，请看那朵流星，

是他们提着灯笼在走。

记忆：

第一步，找关键词：街灯、明星、好像、缥缈、定然、街市、世上、天河、宽广、牛郎、牛儿、我想、闲游、不信、灯笼。

第二步，关键词串联：街灯下有个明星，她好像很缥缈，定然是在街市，她说世上的天河很宽广，宽广的天河中牛郎牵着牛儿，牛儿说我想闲游，不信可以问问灯笼。

第三步，根据这些关键词快速回忆全文。

2. 记忆现代诗《世间最难的是相遇》（清风lancer）

我觉得人世间最难的便是相遇。

我们每天与很多张面孔擦肩而过，

但这不是相遇；

我们不停地认识一些新人，

彼此交换名片，互相开着玩笑，

这也不是相遇；

只有在最初见面的时候，

你就突然觉得心里起了一些异样的情绪，

或者是模糊感觉到它埋伏在你身体里，

那才是相遇；

只有在第一次见面后的很多天，

你回忆起那一刻，

心里充满怅惘或者甜蜜，

那才是相遇；

看你爱情气息的熟悉脸孔，

所有往事心情尘埃四起，

那才是相遇。

两个合适的人，一个合适的时机，

一个合适的地方，一种合适的情绪，

才能促成一次相遇。

相遇让我们如此美丽，

让生命如此多情，

但是相遇又是那么难。

我想起张爱玲的一段话：

于千万人之中遇见你所遇见的人，

于千万年之中，时间的无涯的荒野里，

没有早一步，也没有晚一步，

刚巧赶上了，那也没有别的话可说，

唯有轻轻地问一声：

"噢，你也在这里吗？"

我们像是赶一场宿约，

冥冥之中，于千万人之中，

就那样碰上了，我不相信那是偶然，

我更愿意相信那是命运的垂青。

于千万人之中，独独遇见你，

已是小概率事件，

于千万人之中，与你相识、相知，

更是小小概率事件。

认识你，已足够好。

一万年太久，我只争朝夕。

在可以预见的未来，

我想珍惜，此时此刻的你，和我们。

即便有一天，就此别过，

就让它化作一颗流星，

在我脑子里留下完美的记忆。

没有怨恨，没有悔过，

只是遗憾罢了，淡淡地说一声，珍重。

💬 记忆：

第一步，找关键词：相遇、擦肩而过、不是、新人、名片、也不是、最初见面、情绪、模糊、那才是、第一次、回忆、心里充满、那才是、看你、所有往事、那才是、合适、一个、才能促成、如此美丽、如此多情、那么难、张爱玲、千万人、千万年、早一步、刚巧赶上、问一声、这里、宿约、冥冥之中、碰上了、垂青、遇见你、小概率、与你相识、小概率、认识你、一万年、预见、珍惜、即便、流星、记忆、没有、遗憾。

第二步，关键词串联：你与她相遇，然后擦肩而过，她不是一个新人，她的名片也不是你们最初见面的那张。你们最初见面时她情绪很模糊，模糊到你感觉那才是你第一次回忆起她，当时心里充满喜悦，明白那才是她看你所有往事的原因，那才是合适你的一个人，只有她才能促成如此美丽、如此多情的你。你觉得那么难，张爱玲说千万人经过千万年以后，早一步的话，能刚巧赶上她。她问一声这里是不是你们的宿约，她在冥冥之中碰上了你，她垂青于你，我觉得遇见你是小概率的事，与你相识也是小概率的，认识你，她希望一万年以后还能预见一切。好好珍惜，即便是看到流星，你也能有你们的记忆，就会没有遗憾。

第三步，根据熟记的关键词快速复习回忆全文。

第九节 用连锁串联法记忆政治知识点

1. 记忆"怎样促进经济又好又快发展"

①提高创新能力，建设创新型国家，这是国家发展战略的核心，是提高综合国力的关键。

②加快转变经济发展方式，推动产业结构优化升级。

③统筹城乡发展，建设社会主义新农村。

④加强能源资源节约和生态环境保护，增强可持续发展能力。

⑤促进区域协调发展，缩小区域发展差距。

记忆：

第一步，找关键词：创新、结构、城乡、加强、可持续、区域。

第二步，关键词串联：经过创新，出现了一个新结构，这个结构可以用在城乡里，城乡不断加强，然后变成了可持续的区域。

第三步，根据熟记的关键词进行复习。

2. 记忆"政府为什么要坚持依法行政"

必要性：是贯彻依法治国战略，提高行政管理水平的基本要求，体现了对人民负责的原则。

意义：

①有利于保障人民群众的权利和自由。

②有利于加强廉政建设，增强政府的权威。

③有利于提高行政管理水平。

④有利于推进社会主义民主法治建设。

记忆：

第一步，找关键词：依法、负责、保障、廉政、行政、法治。

第二步，关键词串联：我依法当选负责人，负责保障祖国的廉政，有了廉政，国家的行政才能符合法治。

第三步，根据熟记的关键词快速复习。

第十节 用高效记忆法记忆历史知识点

1. 数字定桩法——记忆历史年代

①907年，后梁建立，唐亡，五代开始。

编码：90——酒瓶；7——镰刀。

记忆：我喝完一瓶酒，然后拿着镰刀砍了很多后面的高粱，回来后发现唐朝灭亡，五代开始了。

②916年，耶律阿保机建立契丹政权。

编码：91——球衣；6——勺子。

记忆：穿着球衣的耶律阿保机建立契丹后，给每个人发了一把勺子。

③960年，赵匡胤建立北宋。

编码：96——旧炉；0——呼啦圈。

记忆：赵匡胤围着旧炉玩呼啦圈，随后建立了北宋。

④979年，北宋结束五代十国分裂局面。

编码：97——酒旗；9——口哨。

记忆：酒旗下面有个吹口哨的人，告诉大家北宋结束了五代十国的分裂局面。

⑤1005年，宋辽缔结澶渊之盟。

编码：10——棒球；05——手套。

记忆：宋辽两国的人拿着棒球，戴着手套，一起缔结了澶渊之盟。

⑥1038年，李元昊建立西夏。

编码：10——棒球；38——妇女。

记忆：李元昊拿着棒球，和很多妇女一起建立了西夏。

⑦1069年，王安石开始变法。

编码：10——棒球；69——八卦。

记忆：王安石打完棒球后，用八卦盘算，然后开始变法。

⑧1115年，完颜阿骨打建立金。

编码：11——梯子；15——鹦鹉。

记忆：完颜阿骨打登上梯子，抓住了鹦鹉，然后建立了金朝。

⑨1206年，成吉思汗建立蒙古政权。

编码：12——椅子；06——手枪。

记忆：成吉思汗坐在椅子上拿着手枪打败敌人，建立了蒙古政权。

⑩1271年，忽必烈定国号为元。

编码：12——椅子；71——鸡翼。

记忆：忽必烈坐在椅子上，吃着鸡翼，定国号为元。

2. 谐音法

①清军入关是1644年，可记作"一路死尸"。因为清军入关尸横遍野。

②中日甲午战争爆发于1894年，可用谐音记作"一拔就死"。

③戊戌变法的时间为1898年6月11日至9月21日，可记作"戊戌变法，要扒酒吧；路遥遥，酒两宿"。要扒酒吧，即1898年；路遥遥，即6月11日；酒两宿，即9月21日。

3. 口诀法

【例1】抗日战争胜利的意义

①抗日战争是近代以来中国人民反抗外敌入侵第一次取得完全胜利的民族解放战争。

②抗日战争彻底打败了日本侵略者，捍卫了国家主权和领土完整，使中华民族避免了遭受殖民奴役的厄运。

③抗日战争的胜利，弘扬了中华民族的伟大精神，使中国人民空前团结起来，为中国共产党带领中国人民实现彻底的民族独立和人民解放奠定了重要基础，成为中华民族走向复兴的历史转折点。

④中国人民抗日战争在战略上策应和支持了盟国作战，为最终战胜世界法西斯反动势力做出了不可磨灭的历史贡献。

记忆：

第一步，找关键词：民族解放、主权、民族独立、反法西斯。

第二步，串联联想："民主民反"。

【例2】《共同纲领》的基本内容

①规定中华人民共和国为新民主主义国家。

②实行工人阶级领导的、以工农联盟为基础的、团结各民主阶级和国内各民族的人民民主专政。

③中华人民共和国境内各民族一律平等。

④规定了经济、军事、外交、文化等方面的基本政策。

记忆：

第一步，找关键词：新民主、民主专政、民族平等、基本政策。

第二步，编口诀："三民一策"。

【例3】抗美援朝战争胜利的意义

①抗美援朝战争的胜利，打破了美军不可战胜的神话。

②提高了中国国际地位和威望。

③维护了亚洲和世界和平。

④为新中国的社会改革和经济建设赢得了相对稳定的和平环境。

记忆：

第一步，找关键词：神话、威望、和平、环境。

第二步，编口诀：神话很有威望，所以拥有和平环境。

【例4】"大化改新"的基本内容

公元646年，日本统治者进行了一系列改革，史称"大化改新"：

①实行"班田收授法"，由国家将天下公田班给公民。

②实行租庸调制，统一租税。

③废除世袭贵族统治制度，建立中央集权体制。

④中央设二官八省，地方设国、郡、里，由中央派人管理。

记忆：

第一步，找关键词：班田、租庸、集权、二八。

第二步，编口诀："班租集二八"。

第十一节　用高效记忆法记忆地理知识

1. 联想想象法

【例1】记忆欧洲各国家地图

德国　　　　　　　波兰

荷兰

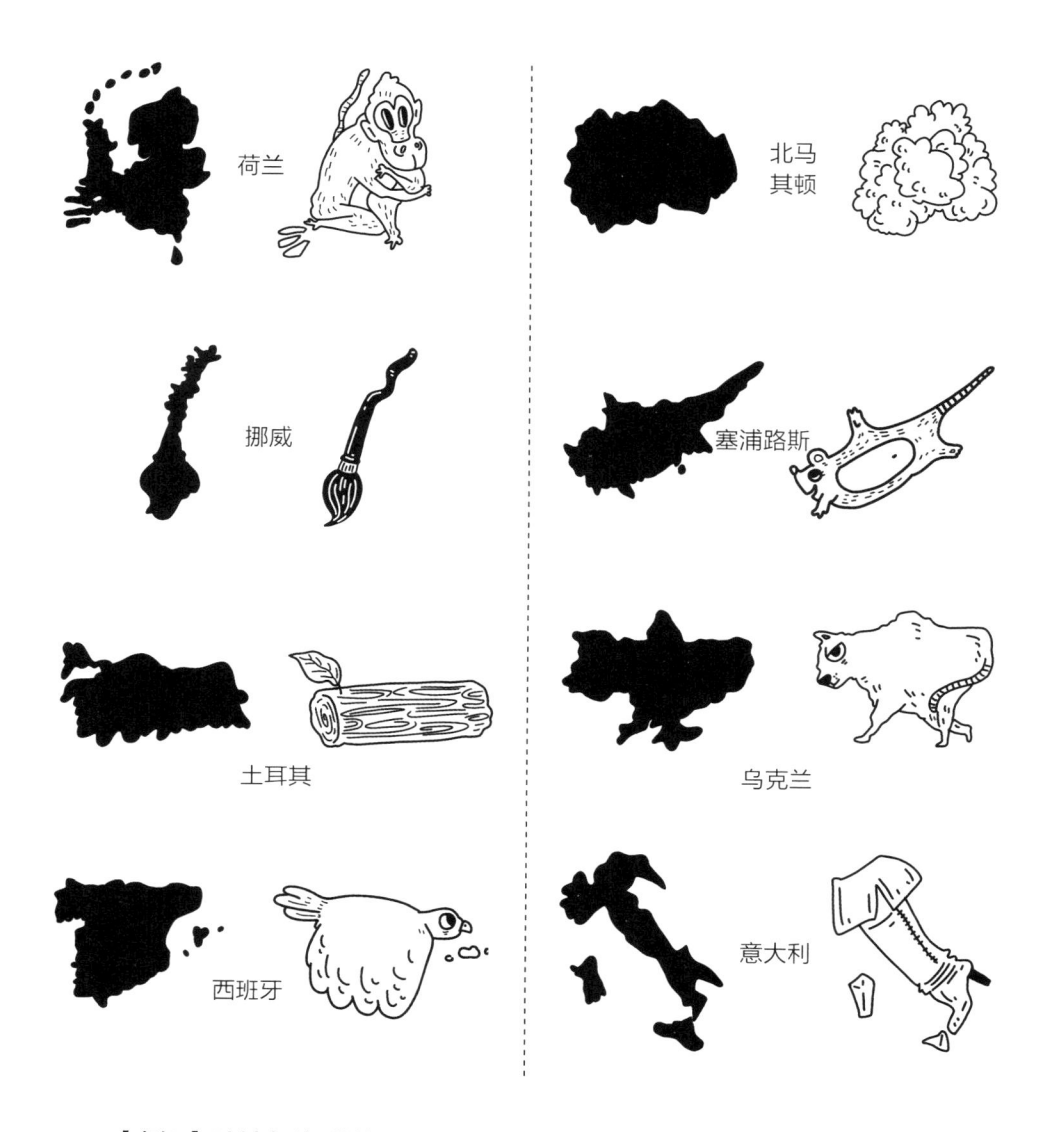

北马其顿

挪威

塞浦路斯

土耳其

乌克兰

西班牙

意大利

【例2】陆地与海洋的分布

地球表面由陆地和海洋构成，陆地占29%，海洋占71%，概括地说是七分海洋，三分陆地，海洋彼此连成一片，陆地被海洋分成许多块。

记忆：陆地上有很多饿囚（29），海洋上有很多鸡翼（71）。

【例3】陆地、岛屿与半岛之最

陆地有大洲（大陆及其周围的岛屿）、大陆、岛屿、半岛。最大的大陆是亚欧大陆，最小的大陆是澳大利亚大陆，最大的半岛是阿拉伯半岛，最大的岛屿是格陵兰岛。

记忆：大舟上的大鹿把岛屿切成了半岛。亚欧联手是最大，澳大利亚是最小；阿拉伯人生活在最大的半岛上，格陵兰人生活在最大的岛屿上。

【例4】各大洲的分界

亚欧：乌拉尔山、乌拉尔河、里海、大高加索山脉、黑海、土耳其海峡。

亚非：苏伊士运河、红海、曼德海峡。

亚北美：白令海峡。

欧非：地中海、直布罗陀海峡。

南北美：巴拿马运河。

记忆：

①我从乌拉尔山跳到了乌拉尔河，然后被冲到了里面的大海（里海），大海穿过大高加索山脉变成了黑海，黑海爱上了土耳其海峡。

②亚非哥让苏义（伊）士开挖运河，然后他的血汗染红了大海，却瞒着海霞不让她知道。

③亚哥和北美姐姐在白令海峡相爱。

④欧弟和菲菲姐在地中海用一条直布牵着骆驼穿过了海峡。

⑤南美和北美的爸爸拿（拉）着马去运河。

【例5】七大洲的半球分布

半球	主要分布的大洲
东半球	亚洲、欧洲、非洲、大洋洲、南极洲
西半球	北美洲、南美洲
南半球	南美洲、大洋洲、南极洲

续表

半球	主要分布的大洲
北半球	亚洲、欧洲、非洲、北美洲

记忆：

东邪：东邪黄药师穿越亚欧非来到大洋洲，又去了南极洲。

西毒：西毒欧阳锋占领了南北美。

南帝：南帝一灯大师带着南方的美女飞跃大洋洲去南极度假。

北丐：北丐洪七公穿越亚欧非来到北美洲。

【例6】全球岩石圈六大板块

六大板块是亚欧板块、太平洋板块、美洲板块、非洲板块、印度洋板块和南极洲板块。

记忆：亚欧先生从太平洋来到美洲，然后跳到非洲去游泳，又游过印度洋，最终到达南极洲。

2. 谐音法

【例1】

长江的长度约6300千米，可用谐音法记作"溜山洞洞"。

【例2】

地球的表面积为5.1亿平方千米，可记作"51"，谐音"污衣"：地球穿着有污点的衣服。

3. 配对联想法

【例1】降水的分布

①受纬度位置因素的影响，赤道地区降水多，两极地区降水少。

②受海陆位置因素的影响，大陆内部降水少，沿海地区降水多。

③受地形因素的影响，迎风坡降水多，背风坡降水少。

④世界的雨极是乞拉朋齐，位于亚洲的印度。世界的干极是阿塔卡马沙漠，位于南美洲。

记忆：

①纬度——赤道：降水多；两极：降水少。

联想：赤道很鼓，想象喝了很多水；两极很小，所以水少。

②海陆——大陆：降水少；沿海：降水多。

联想：大陆没有水喝，所以想象降水少；沿海有很多水喝，肯定是降水多。

③地形——迎风坡：降水多；背风坡：降水少。

联想：迎风坡迎面扑来很多水，所以降水多；背风坡背着风，所以降水少。

④雨极——乞拉朋齐——印度（亚洲）；干极——阿塔卡马沙漠（南美洲）。

联想：下雨天，乞丐拉着朋友齐先生，去印度遇到了暴风雨；白天，阿拉伯的宝塔上有很多卡片，卡片飞到马背上去了南美洲的沙漠。

【例2】部分省的简称与省会

序号	省份	简称	省会	记忆
1	黑龙江省	黑	哈尔滨	黑龙江很黑，经常喝哈尔滨啤酒，醉了就打架
2	吉林省	吉	长春	吉林很吉祥，因为有李长春
3	辽宁省	辽	沈阳	辽宁是辽国的，里面有个小沈阳
4	河北省	冀	石家庄	河北省有个坏人叫梁冀，他家叫作石家庄
5	甘肃省	甘	兰州	甘肃的水很甘甜可口，还有兰州拉面

续表

序号	省份	简称	省会	记忆
6	青海省	青	西宁	青海有很多青草,青草丛的西边很宁静
7	陕西省	陕	西安	陕西分解成陕和西以后,很安全
8	河南省	豫	郑州	河南人很犹豫,他们爱去郑成功的州府
9	山东省	鲁	济南	山东人很鲁莽,但是经常接济南方人
10	山西省	晋	太原	山西以前是晋朝,那里是太平的草原
11	安徽省	皖	合肥	安徽人一般白天就干完事了,而且合起来利润回报很肥
12	湖北省	鄂	武汉	湖北人喜欢鳄鱼,因为他们都是练武的汉人
13	湖南省	湘	长沙	湖南人的湘菜很有名,比如长沙臭豆腐
14	江苏省	苏	南京	江苏里有个苏哥,他很讨厌南京大屠杀
15	四川省	川	成都	四川后面是山川,成功的人都去那里玩
16	贵州省	黔	贵阳	贵州有黔之驴,它产自贵阳
17	云南省	云	昆明	云南人坐飞机,在白云下看到了昆明
18	浙江省	浙	杭州	浙江有很多浙商,他们喜欢杭州西湖
19	江西省	赣	南昌	江西省有条赣江,那里的人参加了南昌起义
20	广东省	粤	广州	广东人讲粤语,他们喜欢广州
21	福建省	闽	福州	福建省有个朋友叫林闽,他是个有福的人,他来自福州
22	台湾省	台	台北	台湾人爱打台球,台球在台北很流行
23	海南省	琼	海口	海南省很穷,但是有很多鲸鱼,都在海口

4. 口诀法——顺口溜

【例】

①七大洲面积排序:亚非北南美,南极欧大洋。

②大洲陆界:亚非之间苏义(伊)士,运河直穿埃及内,南北美洲巴拿马,爸爸拿马分两洲。

③世界居民：世界人口分布——亚一非二少大洋，南极直挂大鸭蛋；人口分布稠密地——亚东南美和全欧，极地沙漠高山稀，热带雨林少人居。

④澳大利亚知识总结：澳大利亚大洋绕，南回归线中间过，地广人稀很发达，高原为何占一半？气候植被各半环，生物稀奇太独特。骑着羊背坐矿车，开往首都堪培拉。

⑤我国领土四端：鸡头朝向黑龙江，脚踏曾母暗沙岛，嘴喝两江汇合水，帕米尔上尾巴摇。

⑥中国的行政区划：两湖两广两河山，五江云贵福吉安，四西二宁青甘陕，内重台海北上天。

第五章
用高效记忆法记忆英语单词
CHAPTER 5

第一节　全脑图像记单词

有不少同学对记忆英语单词感到头疼，我在实际教学中调查过很多学员，发现主要有以下四个原因：

首先，文化习惯的差异导致单词记忆太枯燥，我们学中文很容易，是因为我们从小就说中文，但英语是一种陌生的语言。

其次，很多学生记单词是一个字母一个字母读记的，这种死记硬背的方法很容易忘。

再次，部分同学使用音标法记单词，效果稍微好一点，但是音标学习本身也很难，而且音标记单词同样容易忘。

最后，英语单词不像文章，文章毕竟有一定的连贯性和图像感，单词是独立的个体，字母之间毫无实质性的记忆线索，如果学生记了又忘，忘了又记，就会很烦躁。

那么，英语单词该如何记忆？全脑记单词是怎样的呢？

记忆，先记后忆，回忆靠的是线索，而英语单词字母之间以及单词与中文意思之间并没有实质性的线索，所以很难回忆。我们要根据记忆的原理给单词附加回忆的线索，这样就会更容易回忆起来。

用全脑图像记忆法来记忆英语单词，首先要把抽象的字母转化为熟悉的图像编码，然后把这些图像编码想象成一个画面，这样就把一连串毫无规律的字母变成了寓意深刻的画面，也就刻意制造了回忆的线索。这样像看电视、电影那样来进行记忆，不仅记得快、记得牢，而且记忆的过程充满乐趣，会让你从此爱上背单词。

核心要点：

①单词分解后的想象很重要，而想象用文字无法完全表达。

②本书是基于个人思维习惯写的，读者可以根据自己的喜好去联想。

③单词分解其实就是找单词的特征。

下面有10组信息，请认真看一两遍，然后闭上眼睛回忆一下，看看哪组信息印象最深刻，哪组信息印象最模糊。

①p、a、r、a、d、e——游行，行进。

②c、o、n、q、u、e、r——征服，占领。

③e、l、e、v、a、t、o、r——电梯，升降机。

④for、mu、late——规划。

⑤ap、art、ment——公寓住宅，单元住宅。

⑥ap、ti、tu、de——天资。

⑦四川人的鹅飞到了英国的屏幕上。

⑧他用脚踢刺客的车票被外星人发现了。

⑨弟弟关掉两扇门，和儿子吃正餐。

⑩10个婴儿在大厅休息。

仔细体会一下，这10组信息哪组好记？哪组信息你印象最深、记得最牢？

是不是最后4组？为什么？因为最后4组有图像感。

相比而言，前面的几组英文都是抽象、枯燥的信息，很难记住，就算你勉强记下来，也很容易忘。而后面的几组中文信息，只要根据文字稍微发挥想象，就很容易记住且不容易忘。

其实，上面这10组信息都是在记忆英文单词，只不过记忆方法不一样而已。我们来看看这10个单词：

①parade 游行，行进

②conquer 征服，占领

③elevator 电梯，升降机

④formulate 规划

⑤apartment 公寓住宅，单元住宅

⑥aptitude 天资

⑦screen 屏幕

⑧ticket 票

⑨dinner 正餐

⑩lobby 大厅

①~③组的单词，用的是大部分学生使用的死记硬背法，一个字母一个字母地进行记忆。

④~⑥组按音标把单词分成小段来进行记忆，比前面的稍好一些。

⑦~⑩组则运用全脑图像记忆的方法来进行记忆。记忆方法具体如下：

⑦screen 屏幕

拆分：scr——四川人，e——鹅，en——英国。

记忆：四川人的鹅飞到了英国的屏幕上。

⑧ticket 票

拆分：ti——踢，ck——刺客，et——外星人。

记忆：他用脚踢刺客的车票被外星人发现了。

⑨dinner 正餐

拆分：di——弟，nn——两扇门，er——儿子。

记忆：弟弟关掉两扇门，和儿子吃正餐。

⑩lobby 大厅

分析：lo——像数字10，bby——婴儿（baby）的近似拼写。

记忆：10个婴儿在大厅休息。

我们可以明显感觉到，后面4组信息要好记很多。因为有图像感，而且想象的内容幽默风趣，很轻松。

其实，①~⑥组的单词如果运用全脑图像记忆法，也同样可以记得快、记得牢。

①parade 游行，行进

分析：pa——怕，ra——热，de——德国。

记忆：怕热的德国人在游行。

②conquer 征服，占领

分析：con——共同，qu—蛐蛐，er——儿子。

记忆：它们共同征服了蛐蛐的儿子。

③elevator 电梯，升降机

分析：ele—大象，va—青蛙，tor—头儿。

记忆：大象和青蛙的头儿走进了电梯。

④formulate 规划

分析：for——为了，mu——"母"的拼音，late——迟的。

记忆：我为母亲做规划，是为了不让她迟到。

⑤apartment 公寓住宅，单元住宅

分析：ap——阿婆，art——艺术，ment——门徒。

记忆：阿婆的公寓只租给学艺术的门徒。

⑥aptitude 天资

分析：ap——"阿婆"的拼音首字母，ti——"题目"的半拼，tu——"兔"的拼音，de——"德"的拼音。

记忆：阿婆曾经出题目问："兔子的天资跟德国人比怎么样？"

下面，我们就来详细介绍全脑图像记忆法的四个步骤。

第一步：找熟悉单词。

第二步：找拼音。

第三步：找编码。

第四步：找谐音。

1. 找熟悉单词

（1）观察整个单词。

【例】

①player 播放机

分析：play——玩，er——儿子。

记忆：爱玩牌的儿子赢了个播放机。

②catcall 喝倒彩

分析：cat——猫，call——喊叫。

记忆：猫对着你喊叫，就是在向你喝倒彩。

③bedroom 寝室，卧室

分析：bed——床，room——房间。

记忆：放床的房间就是卧室。

④bakery 面包店

分析：bake——烘，烤；ry——"人妖"的拼音首字母；ry——名词后缀。

记忆：烘烤的人妖要去面包店。

⑤bookmark 书签

分析：book——书本，mark——标签。

记忆：书本用的标签就是书签。

⑥boring 没趣的，令人厌倦的

分析：bo——大伯，ring——戒指

记忆：大伯戴戒指，真令人厌倦。

（2）找"近亲"单词。

【例】

①widow 寡妇

分析：window——窗户，n——"尼"的拼音首字母。

记忆：窗户外面的尼姑是个寡妇。

②mess 凌乱

分析：miss——女士，e——鹅。

记忆：女士的头发被鹅弄得凌乱不堪。

③roof 屋顶

分析：room——房间，f——外形像斧头。

记忆：我把房间里的斧头扔到了屋顶。

（3）找词根词缀。

【例】

①minibus 小公共汽车

分析：mini——"小"，bus——公共汽车。

记忆：小的公共汽车就是小公共汽车。

②microworld 微观世界

分析：micro——"微观"，world——世界。

记忆：微观的世界就是微观世界。

③misspell 拼写错误

分析：mis——前缀，表示否定；spell——拼写。

记忆：否定拼写就是因为出现了拼写错误。

④impatient 不耐烦的，焦急的

分析：im——前缀，表示否定；patient——耐心的。

记忆：没有耐心就是不耐烦的意思。

心得：任何记忆都离不开"以熟记新"的原则，单词也一样。如果我们能从陌生单词里找出以前学习过的单词，经过一定的联想和想象，就很容易记住。

2. 找拼音

（1）找完整拼音。

【例】

①change 改变

分析：chang——"嫦"的拼音，e——"娥"的拼音。

记忆：嫦娥改变了猪八戒。

②banana 香蕉

分析：ba——"爸"的拼音，na——"拿"的拼音。

记忆：爸爸很爱吃香蕉，拿了又拿。

③guide 导游

分析：gui——"贵"的拼音，de——"的"的拼音。

记忆：请导游是很贵的。

（2）找近似拼音。

【例】

①excited 兴奋的

分析：ex——"一休"的近似拼音，ci——"刺"的拼音，te——"特务"的半拼，d——"的"的拼音首字母。

记忆：一休刺杀了特务，感到非常的兴奋。

②analogue 类似物（或人）

分析：ana——"安娜"的近似拼音，lo——像数字10，gue——"孤儿"的近似拼音。

记忆：安娜和这10个孤儿都是类似的人。

③vocation 行业，职业，天职，使命

分析：vo——"我"的近似拼音，ca——"牙擦苏"的近似拼音，tion——"神"的谐音。

记忆：我和牙擦苏把神的话当成使命。

（3）找拼音首字母。

【例】

①dirty 脏的

分析：di——"敌"的拼音，r——"人"的拼音首字母，ty——"汤圆"的拼音首字母。

记忆：敌人的汤圆都是脏的，千万不要吃。

②wobble 摇晃

分析：wo——"我"的拼音，bb——"爸爸"的拼音首字母，le——"乐"的拼音。

记忆：我爸爸快乐地摇晃着。

③stream 溪；川；流

分析：str——石头人，ea——牙齿，m——麦当劳。

记忆：石头人露出牙齿在溪流里吃麦当劳。

④signal 信号

分析：sig——四哥，na——拿，l——棒子。

记忆：四哥拿着棒子给我们送信号。

⑤simple 简单的

分析：si——四个，mp——媒婆，le——快乐。

记忆：四个媒婆过着简单的生活，很快乐。

⑥strive 努力

分析：str——石头人，iv——四，e——鹅。

记忆：石头人和四只鹅都很努力。

心得：对于小学四年级以上的学生来说，拼音是很熟悉的，但英文字母是陌生的，如果能恰当地运用拼音法去记单词，可以达到事半功倍的效果。用拼音法来背单词，完全符合"以熟记新"的记忆原则。

3. 找编码（找字母编码）

把单个或多个字母通过象形等方法转变为常用的编码。

【例】

①greedy 贪婪的

分析：gr——工人，ee——眼镜，dy——大爷。

记忆：工人戴着神奇的眼镜看出大爷的本来面目是很贪婪的。

②boom 繁荣

分析：boo——像数字600，m——麦当劳。

记忆：一条街上竟然开了600家麦当劳店，真是太繁荣了！

③frog 青蛙

分析：fr——飞人，o——鸡蛋，g——哥哥。

记忆：飞人吃完鸡蛋和哥哥一起抓青蛙。

④pilot 飞行员

分析：pi——"皮鞋"的拼音，lo——外形像数字10，t——外形像伞。

记忆：穿着皮鞋，撑上10把伞，像飞行员一样飞行。

⑤grape 葡萄

分析：gr——工人，ap——苹果，e——鹅。

记忆：工人在吃苹果，大白鹅在吃葡萄。

心得：c像月亮、f像斧头、h像椅子、i像蜡烛、j像鱼钩、o像鸡蛋……

如果拥有一套所有字母的编码系统，所有单词的字母就都拥有了图像感，再结合联想、想象、串联的原理，单词就会由一串毫无规律的字母变成生动有趣的故事画面。这样，我们就会在记单词的时候留下很多回忆的线索，单词就很容易被想起来。

4. 找谐音

（1）整体谐音。

【例】

①spider ['spaɪdə(r)] 蜘蛛

分析：谐音"斯巴达"。

记忆：斯巴达爱吃蜘蛛。

②typhoon [taɪ'fuːn] 台风

分析：谐音"台风"。

记忆："台风"=台风。

③ambulance ['æmbjələns] 救护车

分析："俺不能死"的谐音。

记忆：俺不能死，快叫救护车！

④soda ['səʊdə] 苏打；碳酸水

分析：谐音"苏打"。

记忆："苏打"=苏打。

（2）部分谐音。

【例】

①jacket ['dʒækɪt] 短上衣

分析：jack——"杰克"的谐音，et——外星人。

记忆：杰克穿着外星人的短上衣。

②March [mɑːtʃ] 三月

分析："马车"的谐音。

记忆：三月坐三轮马车去玩。

③cafeteria [ˌkæfəˈtɪərɪə] 自助餐馆，自助食堂

分析：cafe——咖啡馆，teria——"特热"的谐音。

记忆：自助食堂里面的咖啡馆特别热。

心得：谐音法可以让学生很快记住单词，效果很明显。也许有的人认为只有部分单词可以使用谐音法，但实际上每个单词都可以使用谐音法，只不过要看个人的想象力如何。本书主要介绍记忆方法，由于记忆的原理是联想和想象，而脑海中的很多东西是无法完整地用文字描述出来的，所以读者一定要记住，我的文字解释只是引导你去想象的，你可以根据自己的水平和需要来决定如何想象。

第二节　单词记忆常见方法

1. 字母象形法

eye [aɪ] 眼睛

拆分：e——眼珠；y——鼻子。

记忆：两只眼珠生在鼻子两边就是眼睛。

2. 编码象形法

编码原则：读音、象形、含义。

像数字的字母：b——6，g——9，o——0，l——1，z——2。

①gloom [gluːm] 忧郁，郁闷

拆分：gloo——9100，m——米。

记忆：老师让我跑9100米，我感到很郁闷。

②beef [biːf] 牛肉

拆分：bee——蜜蜂，f——斧头。

记忆：蜜蜂用斧头砍牛肉。

③boom [buːm] 繁荣

拆分：boo——600，m——麦当劳。

记忆：这条街上有600家麦当劳，所以很繁荣。

3. 组合编码法

①bamboo [bæm'buː] 竹子

拆分：bam——爸妈，boo——600。

记忆：爸妈吃了600根竹子。

②trap [træp] 陷阱

拆分：tr（tree）——树，ap——阿婆。

记忆：树下的陷阱困住了阿婆。

③drive [draɪv] 开车

拆分：dr——敌人，ive——夏威夷。

记忆：敌人在夏威夷开车。

④mall [mɔ:l] 购物商场

拆分：ma——妈妈，ll——11。

记忆：妈妈今天去了11个购物商场。

4. 拼音法

①fare [feə] 费用；旅客；食物

拆分：fa——发，re——热。

记忆：我花了很多费用去给旅客买发热的食物。

②language ['læŋgwɪdʒ] 语言

拆分：lan——烂，gua——瓜，ge——哥。

记忆：烂瓜哥的语言很烂。

③bandage ['bændɪdʒ] 绷带

拆分：ban——绊，da——大，ge——哥。

记忆：绷带绊倒了大哥。

④post [pəʊst] 邮件，邮递

拆分：po——婆婆，st——石头。

记忆：婆婆去邮局邮寄石头。

⑤pancake ['pænkeɪk] 烙饼

拆分：pan——盘子，cake——蛋糕。

记忆：盘子上的蛋糕是烙饼做的。

5. 拼音编码法

①strict [strɪkt] 严格的，严厉的

拆分：str——石头人，ic——卡，t——伞。

记忆：石头人拿着IC卡，打着伞，很严厉的样子。

②camp [kæmp] 扎营

拆分：ca——擦，mp——媒婆。

记忆：擦完地板后，媒婆去扎营。

③juice [dʒuːs] 果汁，饮料

拆分：ju——橘子，ice——冰。

记忆：我用橘子和冰做成了果汁。

④feed [fiːd] 喂养

拆分：fe——飞蛾，ed——过去式。

记忆：飞蛾过去式（是）我喂养。

6. 单词组合法：熟词+熟词

①basketball ['bɑːskɪtbɔːl] 篮球

分析：basket——篮子，ball——球。

记忆：篮子和球放在一起就是篮球。

②greenhouse ['griːnhaʊs] 温室

分析：green——绿色，house——房子。

记忆：绿色的房子就是温室。

③timetable ['taɪmteɪb(ə)l] 日程表

分析：time——时间，table——表格。

记忆：时间和表格在一起就是日程表。

④supermarket ['suːpəmɑːkɪt] 超市

分析：super——超级，market——市场。

记忆：超级市场就是超市。

⑤sunshine ['sʌnʃaɪn] 阳光

分析：sun——太阳，shine——光线。

🗨 **记忆**：太阳和光线组合就成了阳光。

⑥handsome ['hænsəm] 英俊的

分析：hand——手，some——一些。

🗨 **记忆**：我手中有一些英俊青年的联系方式。

⑦weekend [ˌwiːk'end] 周末

分析：week——周，end——结束。

🗨 **记忆**：一周结束的时候就是周末。

⑧schoolbag ['skuːlbæg] 书包

分析：school——学校，bag——包。

🗨 **记忆**：学校的包就是书包。

⑨classroom ['klɑːsrˌuːm] 教室

分析：class——班级，room——房间。

🗨 **记忆**：班级的房间就是教室。

第三节　字母编码表

字母编码表

a——一个苹果/圣诞帽子	ab	阿爸、阿伯
	ac	AC米兰（足球）、扑克
	ad	阿弟、广告
	al	阿里（拳王）
	ary	一个人妖
	ai	爱、艾蒿
	ar	爱人、小矮人

续表

a——一个苹果/圣诞帽子	ak	AK步枪
	am	是俺、上午
	an	蚂蚁（ant）、天安门
	ap	阿婆、苹果
	ance	按死、淹死
b——6/boy/手机	ba	爸爸
	bi	笔、硬币
	bl	保龄球、61、玻璃
	bo	60、波浪、伯伯
	br	白人、病人
	bro	兄弟（brother）
	bu	不、布
	be	在、使、蜜蜂（bee）
	bt	变态、鼻涕
c——月牙	ca	猫（cat）、擦、卡
	cai	青菜、猜
	ce	厕所、测量
	cha	茶、烧烤叉
	chan	铲子
	che	汽车
	chi	吃、尺子
	ci	刺猬、磁铁、瓷器
	cid	警察（CID）
	ck	刺客、香水（CK）
	cl	窗帘、成龙
	co	可乐（coke）
	cr	超人、哭（cry）

续表

c——月牙	cu	醋、铜、暗示（cue）
	com	电脑（computer）、共同
	ch	菜花、中国（China）
	con	平板电脑、坑
d——行李箱/口哨/笛子/狗	da	大、打
	dan	蛋
	de	德国、得到
	der	德国人
	di	弟弟、笛子
	dis	的士、相反、迪士尼
	dr	敌人、画画（draw）
	du	毒药、肚子
	dy	大爷、导游
e——鹅/网页/蛾	-ed	后缀，过去的
	er	儿子、耳朵
	es	复数、饿死了、鹅死了
	est	最、饿死他
	eu	欧洲
	ex-	前缀，前任（的）、一休和尚
	ele	饿了
	et	外星人
f——拐杖/佛/斧头	fa	头发、沙发
	fo	佛祖
	ft	匪徒
	fr	飞人、夫人
	fu	父亲、豆腐
	fl	俘虏、洪水（flood）、服了

续表

g——9/钩子	ge	哥哥、鸽子
	gl	91、格力空调
	gr	工人
	gu	鼓、姑姑
	gui	贵州、桂林
	gun	枪、滚蛋
h——椅子	ha	哈哈大笑、蛤蟆
	ho	猴子
	hr	黑人
	hu	老虎
i——我/蜡烛/埃及金字塔	ic	IC卡
	il	病的（ill）
	ing	现在进行时、老鹰
	in	在……里面
	iv	四（IV）
j——姐姐/鸡	ja	夹子、架子、家
	jo	舟
	ju	锯、橘子
k——冲锋枪	ke	咳嗽、客人、蝌蚪
	ki	吻（kiss）
	kit	猫（kitty）
l——棍子/1	lan	篮子
	lang	狼
	le	快乐
	ll	11、筷子
	lu	马路、梅花鹿
	ly	老爷
	la	拉面、蜡烛

续表

m——麦当劳/石磨	ma	妈妈、马
	mo	蘑菇、魔鬼、牛魔王
	mou	元谋人、馒头
	mu	母亲、木耳
	mi	大米、米老鼠
n——门	na	纳米
	ne	哪吒
	nt	难题、农田
o——太阳/鸡蛋	ob	欧版
	op	打开（open）、手机（OPPO）
	opp	圆屁屁
	or	或者、猿人
	ou	海鸥
	ours	我们的
	ous	熬死
p——旗帜/屁股	pa	爬
	per	胖鹅（企鹅）
	pi	皮、放屁
	pl	铺路、漂亮
	po	婆婆
	pp	屁屁
	pr	仆人、价钱（price）
	pt	葡萄
	pu	店铺
	pro、pre	仆人、向前、怕热
q——QQ/蜗牛	qi	气球
	qu	蛐蛐、弯曲

续表

r——路灯/小草	ra	老鼠（rat）
	rb	日本
	re	热
	rn	人脑
	ro	肉
	rt	人体、人头
	ru	被褥、乳（牛奶）
	ri	太阳
s——蛇/美女/美人鱼	sa	沙子、傻瓜
	sc	游戏（CS）、蔬菜
	si	四、寺庙、死
	se	羞涩、色狼
	sen	森林
	sion	自由女神
	sk	天空（sky）
	sp	蛇皮
	sm	石门
	sh	水壶、船（ship）
	ss	两条蛇、两美女、双胞胎
	st	石头（stone）、站立（stand）
	sy	石油
	sl	死了
t——雨伞	ta	塔、他
	ti	踢、题目、提
	tive	电视（TV）、"……的"构成形容词
	tion	神仙
	te	特别、白天鹅
	ter	特务

续表

t——雨伞	tu	兔子、吐
	tan	坦克、地毯
	th	天河、第几、薄（thin）、小偷（thief）
	ton	河豚
	tr	树（tree）、土壤、陷阱（trip）
	to	去
	ty	汤圆、讨厌
u——试管/水杯/磁铁	un	不、联合国
	us	我们
v——成功手势	ve	维生素E
	vi	六（Ⅵ）
	vo	我
w——耙/锯齿	wa	哇、青蛙
	wr	蛙人
	wai	歪嘴巴
	wy	乌鸦、乌云
	wh	什么（what）、白宫（the White House）、武汉大桥
x——封条/剪刀	xi	西瓜
y——树杈/弹弓/酒杯	ya	鸭子、牙齿
	ye	椰子
	yo	游、油

第四节 单词记忆示例

【例1】

①banana 香蕉

拆分：ba——爸，na——拿，na——拿。

记忆：爸爸拿了一根香蕉之后又拿了一根。

②hamburger 汉堡包

拆分：ha——哈，m——麦当劳，bu——不，rg——热狗，er——儿子。

记忆：哈，麦当劳把不加热的汉堡包卖给儿子。

③tomato 西红柿

谐音："他妈头"。

记忆：他妈头上长出了西红柿。

④ice-cream 冰激凌

拆分：ice——冰，cr——超人，ea——牙齿，m——麦当劳。

记忆：吃冰的超人牙齿被麦当劳里的冰激凌冻住了。

⑤salad 沙拉

拆分：sa——撒，la——拉，d——弟。

记忆：我撒娇地拉着弟弟的手让他给我做沙拉。

⑥strawberry 草莓

拆分：str——石头人，aw——安慰，b——6，er——儿子，ry——人妖。

记忆：石头人用草莓安慰6个儿子和人妖。

⑦pear 梨

拆分：pe——胖鹅，ar——爱人。

记忆：胖鹅给爱人吃梨。

⑧milk 牛奶

拆分：mi——米，lk——立刻。

记忆：米加了水后立刻变成了牛奶。

⑨bread 面包

拆分：br——病人，e——鹅，ad——阿弟。

记忆：病人吃了鹅送给阿弟的面包。

⑩birthday 生日

拆分：bi——笔，r——草，th——天河，day——天；birth——出生，day——天。

记忆：①笔和草在天河里同一天过生日。

②出生的那一天叫作生日。

⑪dinner 正餐

拆分：di——弟，nn——两个门，er——儿子。

记忆：弟弟和两个门里的儿子在吃正餐。

⑫week 周，星期

拆分：we——我们，e——鹅，k——枪。

记忆：我们每周都教鹅打枪。

⑬food 食物

拆分：fo——佛，od——欧弟。

记忆：佛把食物赐给了欧弟。

⑭sure 当然

拆分：su——苏，re——热。

记忆：苏州的夏天当然很热。

⑮vegetable 蔬菜

拆分：ve——胡萝卜，ge——哥哥，table——桌子。

记忆：胡萝卜等蔬菜放在哥哥的桌子上。

⑯fruit 水果

拆分：fr——飞人，u——水杯，it——它。

记忆：飞人的水杯里装满了它喜欢的水果。

⑰right 正确的，适当的

拆分：ri——日，gh——桂花，t——伞。

记忆：日光下，桂花落在了正确的伞上。

⑱apple 苹果

拆分：ap——阿婆，pl——漂亮，e——鹅。

记忆：阿婆给漂亮的鹅吃苹果。

⑲then 那么

拆分：th——天河，en——英国。

记忆：那么，天河是在英国吗？

⑳carrot 胡萝卜

拆分：car——车，ro——肉，t——伞。

记忆：车上有肉、伞和胡萝卜。

㉑rice 大米

拆分：r——草，ice——冰。

记忆：草冰冻之后会长出大米。

㉒chicken 鸡肉

拆分：chi——吃，ck——刺客，en——英国。

记忆：吃鸡肉的刺客在英国。

㉓breakfast 早餐

拆分：br——病人，ea——牙齿，k——枪，fast——快速的（地）。

记忆：病人的牙齿被枪打了，以至于不能快速地吃早餐。

㉔lunch 午餐

拆分：lun——伦，ch——床。

记忆：我躺在伦敦的床上吃午餐。

㉕star 明星

拆分：st——石头，ar——爱人。

记忆：石头的爱人是明星。

㉖habit 习惯

拆分：h——椅子，ab——阿伯，it——它。

记忆：椅子上的阿伯习惯了它的存在。

㉗healthy 健康的

拆分：he——他，al——阿狸，t——伞，hy——海洋。

记忆：他和健康的阿狸一起撑着伞去看海洋。

㉘really 真正地

拆分：re——热，al——阿狸，ly——老爷。

记忆：热情的阿狸真正地喜欢上了老爷。

㉙question 问题

拆分：qu——去，es——饿死，tion——男神。

记忆：我要去问快饿死的男神一个问题。

㉚want 想要

拆分：wa——哇，nt——难题。

记忆：哇！想要解决难题需要耐心。

【自我测试】

1. hamburger ＿＿＿＿＿＿＿＿＿＿

2. question ＿＿＿＿＿＿＿＿＿＿

3. healthy ＿＿＿＿＿＿＿＿＿＿

4. lunch _____

5. want _____

6. chicken _____

7. really _____

8. apple _____

9. then _____

10. sure _____

11. vegetable _____

12. dinner _____

13. week _____

14. banana _____

15. star _____

16. bread _____

17. rice _____

18. pear _____

19. salad _____

20. tomato _____

21. habit _____

22. carrot _____

23. fruit _____

24. ice-cream _____

25. strawberry _____

26. breakfast _____

27. right _____

28. birthday _____

29. food _____

30. milk _____

【例2】

①theater 戏院

拆分：th——弹簧，eat——吃，er——儿子。

记忆：戏院的弹簧被正在吃东西的儿子捡到了。

②comfortable 舒适的

拆分：com——网，for——为了，table——桌子。

记忆：上网是为了得到舒适的桌子。

③seat 座位

拆分：s——蛇，eat——吃。

记忆：蛇在座位上吃东西。

④screen 屏幕

拆分：scr——四川人，e——鹅，en——英国。

记忆：四川人的鹅出现在了英国的屏幕上。

⑤close 接近

拆分：clo——类似"可乐"，se——色狼。

记忆：喝完可乐的他要去接近色狼。

⑥ticket 票

拆分：ti——踢，ck——刺客，et——外星人。

记忆：他用脚踢刺客的车票被外星人发现了。

⑦worst 最差

拆分：wo——我，r——小草，st——石头。

记忆：我在小草丛里捡到了最差的石头。

⑧cheaply 便宜地

拆分：che——车，ap——阿婆，ly——老爷。

记忆：车被阿婆便宜地卖给了老爷。

⑨song 歌

拆分：son——儿子，g——哥。

记忆：儿子在给哥唱歌。

⑩choose 选择

拆分：ch——床，oo——两个鸡蛋，se——色。

记忆：他选择了床上的两个鸡蛋，并涂了颜色。

⑪carefully 细致地

拆分：care——在意，full——满的，y——衣叉。

记忆：我细致地发现，他很在意房间里放满衣叉。

⑫reporter 记者

拆分：re——热，po——破，rt——人头，er——耳朵。

记忆：记者在发热的破人头里发现了一只耳朵。

⑬fresh 新鲜的

拆分：fr——飞人，e——鹅，sh——水壶。

记忆：飞人把新鲜的鹅扔进了水壶。

⑭worse 更差

拆分：wo——我，r——小草，se——色。

记忆：我给小草涂了更差的颜色。

⑮service 接待

拆分：ser——类似"先生"，vi——六，ce——厕所。

记忆：先生去了六次厕所是要接待朋友。

⑯pretty 相当，十分

拆分：pr——仆人，et——外星人，ty——汤圆。

记忆：仆人和外星人吃了相当多的汤圆。

⑰menu 菜单

拆分：men——人，u——水杯。

记忆：人们拿着水杯看菜单。

⑱act 扮演

拆分：a——把，ct——锄头。

记忆：他用一把锄头扮演农民伯伯锄地。

⑲meal 早餐

拆分：me——我，al——阿狸。

记忆：我和阿狸在吃早餐。

⑳creative 有创造力的

拆分：cr——超人，eat——吃，iv——四，e——鹅。

记忆：有创造力的超人吃了四只鹅。

㉑performer 表演者

拆分：per——每个，fo——佛，rm——人民，er——儿子。

记忆：每个佛的表演者都是人民的儿子。

㉒talent 天资

拆分：ta——他，le——乐，nt——难题。

记忆：他快乐地发现了自己爱做难题的天资。

㉓magician 魔术师

拆分：mag——马哥，ic——卡，i——蜡烛，an——一个。

记忆：马哥把卡和蜡烛给了一个魔术师。

㉔role 作用，职能

拆分：ro——肉，le——乐。

记忆：吃完肉可以很快乐，这是肉的作用和职能。

㉕winner 获胜者

拆分：win——赢，ne——哪吒，r——小草。

记忆：赢了哪吒，获胜者会获得小草。

㉖prize 奖

拆分：pr——仆人，i——蜡烛，ze——责。

记忆：仆人的蜡烛作为奖品送给了被责怪的那个人。

㉗example 实例

拆分：ex——一休，am——上午，pl——漂亮，e——鹅。

记忆：一休上午把漂亮的鹅当作实例。

㉘poor 贫穷的

拆分：po——破，or——猿人。

记忆：穿着破衣服的猿人很贫穷。

㉙seriously 严重地，严肃地

拆分：se——色，ri——太阳，ous——藕丝，ly——老爷。

记忆：在红色的太阳下，藕丝被老爷严肃地吃了。

㉚crowded 人多的，拥挤的

拆分：cr——超人，o——鸡蛋，wd——无敌，ed——二弟。

记忆：在人多的地方，超人的鸡蛋被无敌的二弟弄碎了。

【自我测试】

1. seriously ＿＿＿＿＿＿＿＿

2. example ＿＿＿＿＿＿＿＿

3. role ＿＿＿＿＿＿＿＿

4. talent _____

5. crowded _____

6. pretty _____

7. prize _____

8. menu _____

9. performer _____

10. act _____

11. creative _____

12. poor _____

13. magician _____

14. meal _____

15. winner _____

16. service _____

17. worse _____

18. ticket _____

19. worst _____

20. cheaply _____

21. fresh _____

22. comfortable _____

23. theater _____

24. close _____

25. seat _____

26. song _____

27. reporter _____

28. carefully _____

29. screen _____

30. choose _____

【例3】

①textbook 教科书

拆分：t——伞，ex——一休，t——伞，book——书。

记忆：两把伞中间站着的一休抱着书，那是他的教科书。

②conversation 交谈

拆分：con——平板电脑，ver——（very）非常，sa——沙发，tion——男神。

记忆：用平板电脑视频交谈非常愉快，因为对面沙发上坐着男神。

③aloud 大声地

拆分：al——阿狸，oud——欧弟。

记忆：阿狸冲着欧弟大声地喊叫。

④pronunciation 发音

拆分：pro——东坡肉，n——门，un——云，ci——刺，a——一个，tion——男神。

记忆：挂着东坡肉的门被云上的刺猬吃了，它的发音感动了一个男神。

⑤sentence 句子

拆分：sen——森，ten——十，ce——厕。

记忆：森林里有十个句子贴在厕所门口。

⑥patient 耐心的

拆分：pa——爬，tie——带子，nt——难题。

记忆：爬山时系带子是个需要耐心的难题。

⑦expression 表情

拆分：ex——一休，press——挤压，ion——神。

记忆：一休挤压自己的脸，他的表情逗乐了神。

⑧discover 发现

拆分：dis——的士，cover——覆盖。

记忆：我坐在的士上发现座位上覆盖了灰尘。

⑨secret 秘密

拆分：se——色，cr——超人，et——外星人。

记忆：彩色的超人发现了外星人的秘密。

⑩grammar 语法

拆分：gr——工人，am——是，ma——马，r——小草。

记忆：工人是在看马吃小草时背语法书的。

⑪repeat 重复

拆分：re——热，pe——胖鹅，at——在。

记忆：_____

⑫note 笔记

拆分：no——不，te——特别。

记忆：_____

⑬pal 朋友

拆分：p——屁股，al——阿狸。

记忆：_____

⑭physics 物理

拆分：ph——破坏，y——衣叉，si——四，cs——超市。

记忆：_____

⑮chemistry 化学

拆分：che——车，mi——米，stry——故事。

记忆：_____

⑯memorize 记住

拆分：me——我，mo——摸，ri——日，ze——选择。

记忆：_____

⑰pattern 模式

拆分：pa——爬，t——伞，ter——特务，n——门。

记忆：_____

⑱pronounce 发音

拆分：pro——东坡肉，no——不，unce——按死。

记忆：_____

⑲increase 增加

拆分：in——在……里面，cr——超人，ea——牙齿，se——色。

记忆：_____

⑳speed 速度

拆分：sp——山坡，ee——眼睛，d——弟弟。

记忆：_____

㉑partner 搭档

拆分：part——部分，n——门，er——儿子。

记忆：_____

㉒born 出生，天生的

拆分：bo——伯伯，rn——热闹。

记忆：_____

㉓ability 能力

拆分：ab——阿伯，i——蜡烛，li——梨，ty——汤圆。

记忆：_____

㉔create 创造

拆分：cr——超人，ea——牙齿，te——特别的。

记忆：_____

㉕brain 大脑

拆分：b——伯伯，rain——雨。

记忆：_____

㉖active 活跃的

拆分：act——表演，i——蜡烛，ve——维生素E。

记忆：_____

㉗attention 注意

拆分：at——在，ten——十，tion——男神。

记忆：_____

㉘connect 连接，联系

拆分：con——坑，ne——哪吒，ct——春天。

记忆：_____

㉙overnight 一夜之间

拆分：over——超过，night——夜晚。

记忆：_____

㉚review 回顾，复习

拆分：re——热，view——观点。

记忆：_____

【自我测试】

1. attention _____

2. repeat _____

3. review _____

4. create _____

5. physics _____

6. connect _____

7. sentence _____

8. active _____

9. increase _____

10. overnight _____

11. spead _____

12. note _____

13. brain _____

14. born _____

15. ability _____

16. chemistry _____

17. pal _____

18. expression _____

19. partner _____

20. pattern _____

21. patient _____

22. memorize _____

23. textbook _____

24. grammar _____

25. secret _____

26. discover _____

27. pronounce _____

28. conversation _____

29. pronunciation _____

30. aloud _____

第五节　词根词缀法记单词

很多英语单词是由词根加上前缀或者后缀演变而来的。所以，如果我们能够把所有重要的词根词缀总结出来熟记于心，那么我们就可以记忆大量英语单词了。

1. 通过前缀认识单词

（1）a-有以下两种含义：

①加在单词或词根前面，表示"不，无，非"。

acentric　无中心的（a+centric中心的）

asocial　不好社交的（a+social好社交的）

amoral　非道德性的（a+moral道德的；注意：immoral 不道德的）

apolitical　无关政治的（a+political政治的）

anomalous　反常的（a+nomal正常的+ous）

②加在单词前，表示"在……，……的"。

asleep　睡着的（a+sleep睡觉）

aside　在边上（a+side旁边）

ahead　在前地（a+head头）

alive　活的（a+live活）

awash　泛滥的（a+wash冲洗）

（2）ab-、abs-加在词根或单词前，表示"相反，变坏，离去"等。

abnormal 反常的（ab+normal正常的）

abuse 滥用（ab+use用→用坏→滥用）

absorb 吸收（ab+sorb吸收→吸收掉）

absent 缺席的（ab+sent使进入→没有进入→缺席的）

abduct 诱拐（ab+duct引导→引走→诱拐）

abject 可怜的（ab+ject抛→抛掉→可怜的）

abstract 抽象的；心不在焉的（abs+tract拉→被拉开→心不在焉）

abstain 戒绝（abs+tain拿住→不再拿住→戒绝）

（3）ab-、ac-、ad-、af-、ag-、an-、ap-、ar-、as-、at-等加在同辅音字母的词根或单词前，表示"一再"等加强意。

accompany 陪伴（ac+company伙伴→陪伴）

accelerate 加速（ac+celer速度→一再增加速度）

applause 鼓掌（ap+plause赞扬→一再赞扬→鼓掌）

appreciate 欣赏（ap+preci价值+ate→一再给价→欣赏）

appoint 指定，任命（ap+point指→指定）

arrange 安排（ar+range排列→安排）

arrest 逮捕，阻止（ar+rest休息→不让动→逮捕）

arrive 到达（ar+rive河→到达河边→达到目标）

assault 进攻（as+saul跳→跳起来→进攻）

assiduous 勤奋的［as+sid坐+uous→一再坐着（学习）→勤奋］

（4）ad-加在单词或词根前，表示"做……，加强……"。

adapt 适应（ad+apt易于……的→适应）

adept 熟练的（ad+ept能力→有做事能力→熟练的）

adopt 收养；采纳（ad+opt选择→选出来→采纳）

adhere 坚持（ad+here粘→粘在一起→坚持）

adjacent 邻近的（ad+jacent躺→躺在一起→邻近的）

adjoin 贴近；毗连（ad+join参加→一起参加→贴近）

administrate 管理；执行（ad+ministr部长+ate→做部长→管理）

admire 羡慕（ad+mire惊奇→惊喜；羡慕）

adumbrate 预示［ad+umbr影子+ate→（将来的）影子出现→预示］

（5）amphi-表示"两个，两种"。

amphibian 两栖动物（amphi+bi生命+an→两个生命→两栖动物）

amphicar 水陆两用车（amphi+car车→两用车）

2. 通过词根认识单词

（1）acid、acri、acrid、acu=sour、sharp，表示"尖，酸，锐利"。

acid 酸的

acidify 酸化（acid+ify……化→酸化）

acidity 酸度，酸性（acid+ity性质→酸性）

acidulous 带酸味的（acid+ulous有……的→有酸味的）

acrid 辛辣的；尖刻的（acrimony的形容词）

acute 尖锐的，敏锐的

（2）act=to do、to drive，表示"行动，做"。

act 行为

acting 演技

activity 活动（act+ivity状态→活动状态）

activate 使……活动，起动（act+ivate使……→使……活动）

actualize 实现（actual实际的+ize化→实际化→实现）

enact 实施，颁布（en+act→使……动→实施）

exact 强求；精确的［ex出+act→（要求）做出来→强求］

exacting 苛求的（exact+ing）

（3）aer、aeri、aero=air，表示"空气，充气"等。

aerate 通气；充气（aer+ate表动词）

aerial 空气的（aeri+al表形容词）

aeriform 无形的，非实体的（aeri+form形状→空气的形状→无形的）

aeromechanics 航空力学（aero+mechanics力学）

aerology 气象学，大气学（aero+logy学科→空气学→大气学）

aerospace （大气层内外）空间（aero+space空间）

aerosphere 大气层（aero+sphere球形→球形空气→大气层）

aeroview 鸟瞰图（aero+view看→在空气中看→鸟瞰）

3. 通过后缀记单词

（1）-ability表名词："能……；性质"。

useability n.可用性（use用）

inflammability n.易燃性（inflame点火+ability）

adaptability n.适应能力（adapt适应）

dependability n.可靠性（depend依靠）

variability n.变化性（vary变化）

lovability n.可爱（love爱）

（2）-able 表形容词："可……的，能……"。

knowable adj.可知的

inflammable adj.易燃的（inflame点燃）

conceivable adj.可想象的（conceive 设想，想象）

desirable adj.令人向往的（desire 渴望）

inviolable adj.不容侵犯的（in不+viol冒犯+able；参考：violate违反，冒犯）

impregnable adj. 攻不破的（im不+pregn拿住+able；参考：pregnant怀孕的）

（3）-ably 表副词："能……地"。

suitably adv.恰当地（suit恰当）

dependably adv.可靠地（depend可靠）

lovably adv.可爱地（love爱）

（4）-aceous表形容词："具有……特征的"。

herbaceous adj.草本植物的（herb草）

papyraceous adj.似纸的（papyr纸+aceous；参考：papyrus纸莎草）

curvaceous adj.曲线美的（curve曲线）

foliaceous adj. 叶状的（foli叶+aceous；参考：foliage树叶）

（5）-acious表形容词："有特征的，多……的"。

rapacious adj. 掠夺成性的（rape掠夺，强奸）

sagacious adj. 睿智的（sage智者）

capacious adj. 宽敞的（cap容纳+acious）

fallacious adj.错误的（fall错；参考：fallacy谬误）

vivacious adj.活泼的（viv活；参考：revive复活）

audacious adj.大胆的（aud大胆+acious；名词：audacity大胆）

veracious adj.真实的（ver真；参考：verify证实）

loquacious adj.啰唆的（loqu讲话；参考：eloquent雄辩）

（6）-acity表名词："有……倾向"。

capacity n.容量；能力（cap容纳，有能力的；参考：capble有能力的）

loquacity n.健谈，多话（loqu讲话）

audacity n.大胆（auda大胆）

veracity n.真实（ver真）

tenacity n.固执（ten拿住）

mendacity n.虚假；说谎（mend修补；参考：amend弥补，改正）

（7）-acle 表名词："……物品，状态"。

receptacle n.容器（recept接受）

manacle n.手铐（man手；参考：manuscript手稿）

miracle n.奇迹（mir惊奇；参考：mirror镜子）

tentacle n.触角（tent触，摸；参考：attentive注意的，关心的）

pinnacle n.尖塔（pinn尖+acle）

obstacle n.障碍［ob在+sta（=stand站）+acle→站在中间的物品→障碍］

debacle n.解冻；崩溃［de去掉+bacle（=block大块）+acle→去掉大块东西→解冻（冰块）］

（8）-acy表名词："……性质，状态"。

fallacy n.谬误，错误（fall错）

supremacy n.至高无上（supreme崇高的）

intimacy n.亲密（intim亲密；参考：intimate亲密的）

conspiracy n.同谋（con共同+spir呼吸+acy→共同呼吸→同谋）

celibacy n.独身（celib未婚；参考：celibate独身者）

intricacy n.错综复杂［in进入+tric（=trifle琐碎事）+acy→进入琐碎之事］

contumacy n.抗命，不服从（contum反叛+acy）

（9）-ad表名词："……东西，状态"。

doodad n.美观而无用之物

myriad n.许多，无数（myri多+ad）

ballad n.歌谣，歌曲（ball舞，歌）

nomad n.流浪者，游牧人（nom流浪）

第六章
世界记忆锦标赛

CHAPTER 6

第一节　世界记忆锦标赛简介

1. 世界记忆锦标赛发展史

世界记忆锦标赛是记忆力竞技领域最具影响力的国际性赛事，由"世界记忆之父"托尼·博赞于1991年发起。经过三十余年的发展，一年一度的世界记忆锦标赛已成为极具权威性的记忆力赛事，吸引了来自不同国度的参赛者和观众，并成为各国媒体竞相关注的焦点。迄今为止，世界记忆锦标赛已在多个国家成功举办：中国、澳大利亚、南非、新加坡、德国、马来西亚、墨西哥、美国和英国等。

世界记忆锦标赛Logo

"世界记忆大师"是世界记忆锦标赛中一个举足轻重的奖项，它代表了世界记忆锦标赛组委会对获奖者记忆水平的高度认可，也代表了获奖者在记忆力技巧和应用方面的突出表现。

2. 世界记忆锦标赛比赛项目

世界记忆锦标赛共设有10个比赛项目，分别为：二进制数字、虚拟事件和日期、随机扑克牌、随机数字、抽象图形、随机词语、快速扑克牌、快速数字、听记数字和人名头像。

①二进制数字。在30分钟内记住尽可能多的二进制数字，然后在60分钟内正确回忆这些数字。该项目提供5100位二进制数字供参赛者记忆。

②虚拟事件和日期。在5分钟内尽可能多地记住虚拟的历史/未来日期，然后在15分钟内根据对应事件正确回忆这些日期。

③随机扑克牌。在60分钟内记住多副扑克牌，然后在随后的120分钟内按顺序回忆出这些扑克牌。

④随机数字。在60分钟内尽可能多地记住随机数字，然后在120分钟内正确回忆这些数字。

⑤抽象图形。在15分钟内记住尽可能多的抽象图形，然后在30分钟内回忆出这些图形的次序。

⑥随机词语。在15分钟内尽可能多地记住随机单词，随后用30分钟准确地回忆出这些单词。

⑦快速扑克牌。在5分钟内尽可能快地准确记住一副扑克牌的顺序，包括花色和数字。

⑧快速数字。在5分钟时间内尽可能多地准确记住随机数字，然后在15分钟内正确回忆这些数字。有一次重试机会。

⑨听记数字。在有限的时间内尽量多地回忆之前听见的数字：第一轮，200秒听记200个数字，10分钟回忆；第二轮，300秒听记300个数字，15分钟回忆；第三轮，所需要记住的数字数量是世界纪录加上20%，25分钟回忆。

⑩人名头像。在15分钟内正确记住人名和头像，然后在30分钟内根据打散顺序的头像正确回忆人名。

第二节　世界记忆锦标赛破解

1. 数字记忆

方法：地点定桩法（记忆宫殿），前面已经详细阐述。

第一步，找地点，构建记忆宫殿，通常30个地点为一组。

【例】

第一组：

①楼阁；②楼阁门口；③讲台；④我的座位；⑤教室门口；⑥阳台；⑦花卉；⑧自行车；⑨龙眼树；⑩菠萝树；⑪喷泉；⑫塔尖；⑬摩托车；⑭学校电动门；⑮保安室；⑯水龙头；⑰九里香；⑱邮亭；⑲文具店；⑳油行；㉑书架；㉒熟食档；㉓士多店；㉔蚕种场；㉕家私城沙发；㉖货车；㉗网吧招牌；㉘电线杆；㉙瓦屋顶；㉚酒店门口。

第二组：

①空调机；②宠物店；③花卉；④铁栏；⑤面包店；⑥电动车店；⑦牛奶店；⑧五金店；⑨绿化带；⑩路灯；⑪丽登酒店；⑫越野车；⑬围栏；⑭桃花源；⑮杨桃树；⑯荆棘丛；⑰大王椰；⑱灯箱；⑲甘蔗摊；⑳小火车；㉑小树；㉒LED灯；㉓谷场；㉔水渠；㉕喷泉；㉖拱桥；㉗风筝；㉘大灯；㉙保安亭；㉚自行车。

第三组：

①烧烤台；②青菜；③桌子；④小泥潭；⑤桥；⑥海盗船；⑦游泳池边；⑧游泳池里；⑨台阶；⑩体育馆内场看台；⑪体育馆顶部；⑫小树；⑬柱子；⑭车棚；⑮市府电动门；⑯石狮子；⑰花桥；⑱香蕉树；⑲图书馆；⑳法拉利；㉑修车店；㉒帕萨特；㉓饭店；㉔药店；㉕二中西门；㉖竹子

林；㉗烧烤档；㉘钢铁机；㉙西瓜档；㉚烤肉档；㉛鱼档。

第二步，记忆数字编码——110个。

00望远镜	01小树	02铃儿	03三脚凳	04小汽车
05手套	06手枪	07锄头	08溜冰鞋	09猫
10棒球	11筷子	12椅儿	13医生	14钥匙
15鹦鹉	16石榴	17一汽	18人民币	19药酒
20香烟	21鳄鱼	22双胞胎	23和尚	24闹钟
25二胡	26二流子	27耳机	28恶霸	29二舅
30三轮车	31鲨鱼	32扇儿	33星星	34三丝
35山虎	36山鹿	37山鸡	38妇女	39三九胃泰
40司令	41蜥蜴	42柿儿	43死神	44蛇
45师傅	46饲料	47司机	48石板	49天安门
50奥运五环	51工人	52鼓儿	53乌纱帽	54青年
55火车	56蜗牛	57武器	58尾巴	59蜈蚣
60榴梿	61儿童	62牛儿	63流沙	64螺丝
65尿壶	66蝌蚪	67油漆	68喇叭	69料酒
70麒麟	71鸡翼	72企鹅	73花旗参	74骑士
75西服	76汽油	77汽水	78青蛙	79气球
80巴黎铁塔	81白蚁	82靶儿	83芭蕉扇	84巴士
85白狐	86八路	87白旗	88爸爸	89芭蕉
90酒瓶	91球衣	92球儿	93旧伞	94首饰
95救护车	96旧炉	97旧旗	98球拍	99澳门
0呼啦圈	1蜡烛	2鸭子	3耳朵	4帆船
5秤钩	6勺子	7镰刀	8眼镜	9口哨

第三步，开始数字训练。

【练习】

随机数字项目记忆卷：

9930673429113934352381600727880278530073	Row1
1499698640493501704061605960603039810544	Row2
3962198746109585126507542965314959872080	Row3
2325509875541309698718145649768349352477	Row4
4758772360752416993116878242064818487597	Row5
2292003560463694281468694426578121006494	Row6
9781350171684508748434252919229531038943	Row7
0188436983704135815711894391621855469156	Row8
2455709783488697590683626600435110449835	Row9
0193325311036064533229718421311216506326	Row10
7423107040817826142004028176831661195387	Row11
9334405994465807385938686458590829451860	Row12
2107669808443274940355363258298558566814	Row13
1076745061768481888324646714612159 2144	Row14
9594531231309513096098621827155427666300	Row15
7014872339993545141437704211262789072393	Row16
6768837164582480719541841189340944385265	Row17
8719332263995335228605284424174545688104	Row18
8115919059700709185407125475399662265610	Row19
2835682565030577649365132335515640278864	Row20
2414702638882915297018536255234332529943	Row21
5088286239499245635996655933948595401646	Row22

4680402106540579899974209356680072353894　　Row23

8739181849478533914623379987250387436434　　Row24

8889705669985392810732152067264617148579　　Row25

随机数字项目答卷

姓名：　　　　组别：少儿　少年　成年　　　　座位号：

	Row
	Row1
	Row2
	Row3
	Row4
	Row5
	Row6
	Row7
	Row8
	Row9
	Row10
	Row11
	Row12
	Row13
	Row14
	Row15
	Row16
	Row17
	Row18
	Row19
	Row20
	Row21
	Row22
	Row23
	Row24
	Row25

2. 词语记忆

方法：地点定桩法（记忆宫殿）、连锁串联法。

【练习】

1 问卷	21 奖杯	41 记分	61 牛人
2 小熊猫	22 文本	42 猪	62 大衣
3 裁判	23 霸气	43 老人	63 打乱
4 模板	24 白痴	44 烟花	64 页码
5 编辑	25 阿凡达	45 吃饭了	65 年代
6 冠冕堂皇	26 操作	46 隔断	66 故事
7 永亨	27 包租	47 组织	67 天真无邪
8 秋困	28 帮助	48 键盘	68 马三立
9 笃信	29 视图	49 报社	69 腾讯
10 花	30 子尤	50 美女	70 我
11 拼搏	31 椅子	51 飞尘围绕	71 鼠标
12 纠结	32 财务	52 背	72 校区
13 单位	33 怀孕者	53 抱枕	73 大话西游
14 别字	34 欢天喜地	54 帐篷	74 人品

3. 人名头像记忆

方法：联想+想象。

第一步，姓名转化。

第二步，找人物特征。

第三步，姓名与人物特征对应记忆。

【例】记忆"斯蒂文·哈瑞"

斯蒂文·哈瑞

第一步,姓名转化:斯蒂文——斯文;哈瑞——哈喽。

第二步,找人物特征:想象这个女士很斯文;她正在微笑——代表哈喽。

第三步,姓名与人物特征对应记忆。

【练习】

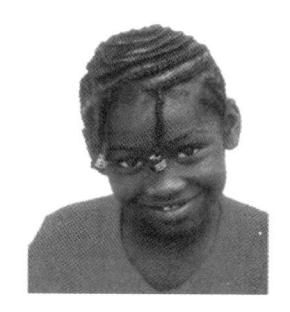

凯瑞·罗冰 　　　艾伦·瓦卡 　　　麦格·斯蒂

阿泰·本 　　　朱利安·凯门 　　　麦格·斯蒂

4. 抽象图形记忆

方法：地点定桩法（记忆宫殿）。

第一步，图形转化，把抽象的图形转化成形象的东西。图形转化规则：形状；纹理特征；凸角特征。

第二步，运用地点定桩法（记忆宫殿）记住顺序。

【例】记住下列抽象图像的顺序

第一步，把抽象图形转化为形象编码。

①熊猫；②鱼尾；③燕子；③电视机；④拖把。

第二步，用地点定桩法依次记住这些抽象图形的顺序。

【练习】

抽象图形项目记忆卷：

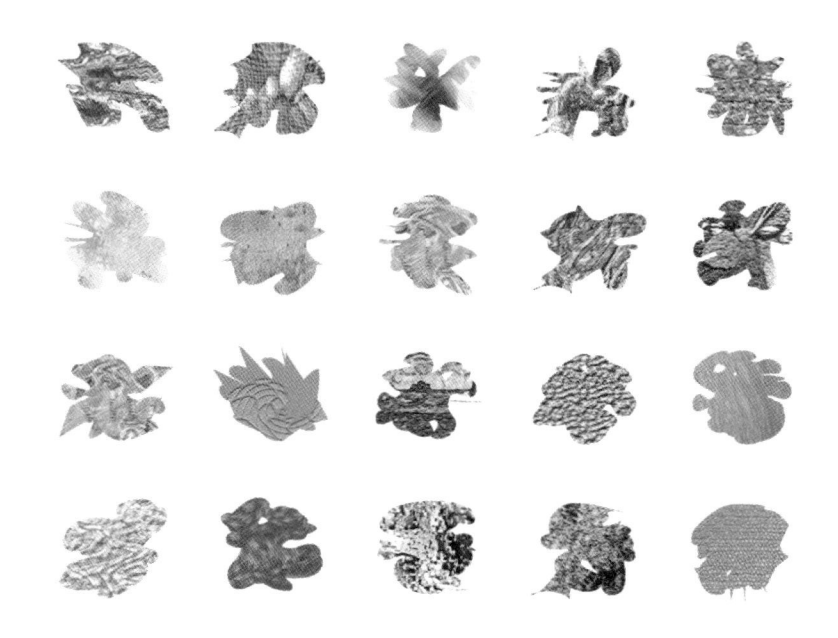

抽象图形项目答卷：

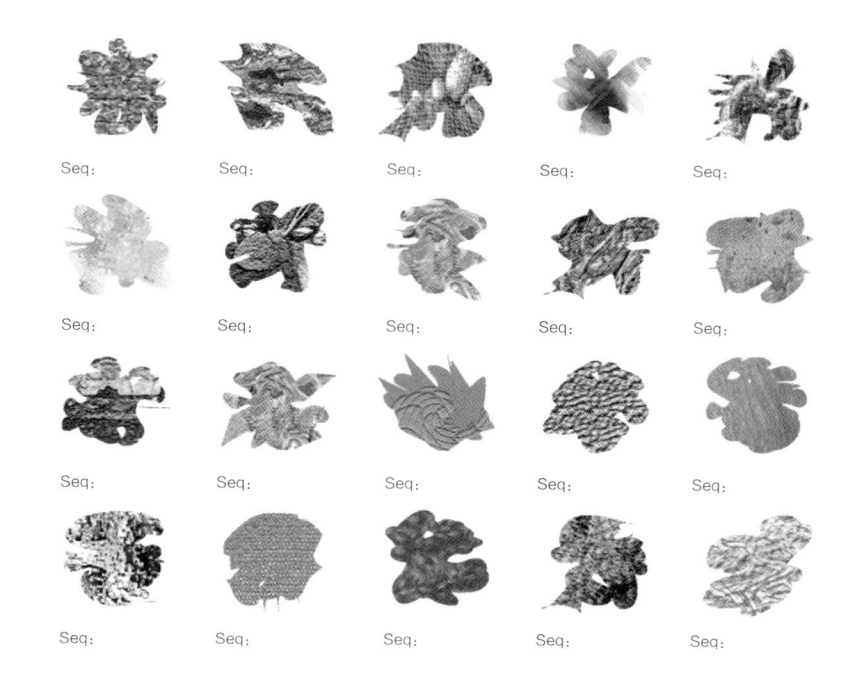

Seq:　　Seq:　　Seq:　　Seq:　　Seq:

Seq:　　Seq:　　Seq:　　Seq:　　Seq:

Seq:　　Seq:　　Seq:　　Seq:　　Seq:

Seq:　　Seq:　　Seq:　　Seq:　　Seq:

5. 二进制数字记忆

方法：地点定桩法（记忆宫殿）。

编码：000——0；001——1；010——2；011——3；100——4；101——5；110——6；111——7。

第一步，二进制数字转化为十进制，将十进制数字转化成数字编码。

第二步，运用地点定桩法进行记忆。

【例】记忆第一行二进制数字

0 0 1 0 1 1 1 0 1 0 1 1 0 0 1 0 1 0 1 1 0 1 1 1 0 1 0 1 1 0

1 1 0 0 1 0 1 1 0 1 1 0 1 1 1 1 0 1 0 1 0 0 0 0 1 1 0 1 1 0

1 0 1 0 0 1 1 1 1 0 0 0 1 1 0 0 0 1 0 1 0 1 0 0 1 1 0 1 0

第一步，把二进制转化为十进制，将十进制数字转化成数字编码。

0 0 1 0 1 1 ——13（医生）；1 0 1 0 1 1 ——53（乌纱帽）；0 0 1 0 1 0 ——12（椅儿）；1 1 0 1 1 1 ——67（油漆）；0 1 0 1 1 0 ——26（河流）。

第二步，运用地点定桩法进行记忆。

【练习】

1101000111111101010001110111111	Row1
1011100010001000011100010110111	Row2
10111010010111101000000000000	Row3
000001100111111000001101110110	Row4
001110101011101001100100011101	Row5
000011100000100101101111000110	Row6
001001101101110011110111011101	Row7
100110010110110110101110011001	Row8

1000110110011100110010000110110 Row9

1001110101100100010110100011 Row10

1011110111101000111010101101001 Row11

0111111100110001100100010111110 Row12

0011110111100000101111011011100 Row13

0001000101010011011100110100 Row14

10111100110111111010110100101101 Row15

二进制数字项目答卷

姓名：　　　　　组别：少儿　少年　成年　　　座位号：

	Row1
	Row2
	Row3
	Row4
	Row5
	Row6
	Row7
	Row8
	Row9
	Row10
	Row11
	Row12
	Row13
	Row14
	Row15

6. 扑克牌记忆

方法：地点定桩法。

第一步，把扑克牌转化成编码：

①黑桃——1；红桃——2；梅花——3；方块——4。

例如：

黑桃A——11；红桃A——21；梅花A——31；方块A——41；

黑桃2——12；红桃2——22；梅花2——32；方块2——42。

……以此类推。

②J——5；Q——6；K——7。

例如：

黑桃J——51；红桃J——52；梅花J——53；方块J——54；

黑桃Q——61；红桃Q——62；梅花Q——63；方块Q——64；

黑桃K——71；红桃K——72；梅花K——73；方块K——74。

第二步，找地点桩。（规则：一个地点桩放2张扑克牌。）

第三步，把扑克牌和地点桩相连接。

第四步，根据地点桩回忆扑克牌。

【例】记忆下面10张扑克牌

第一步，把扑克牌转化成编码。

黑桃10——10（棒球）；黑桃J——51（工人）；黑桃Q——61（儿童）；黑桃K——71（鸡翼）；黑桃A——11（筷子）；红桃2——22（双胞胎）；红桃6——26（河流）；红桃9——29（二舅）；红桃Q——62（牛儿）；红桃K——72（企鹅）。

第二步，找地点桩。

①小椅子；②大椅子；③盆栽；④柜子；⑤装饰画；⑥书；⑦墙；⑧地

毯；⑨书桌；⑩电脑。

第三步，把扑克牌和地点桩相连接。

例如：

①小椅子上有个棒球印着工人头像。

②大椅子上有很多儿童在吃鸡翼。

③盆景上有双筷子架着双胞胎。

④柜子里有条河流，二舅在里面游泳。

⑤装饰画里有个牛儿在用角顶企鹅。

第四步，根据地点桩回忆扑克牌。

7. 虚拟历史事件记忆

方法：数字编码+联想。

【例】

1575　神奇道路能让车子"跳舞"

第一步，编码转化：15——月亮；75——西服。

第二步，联想想象：月亮底下，有个穿西服的人在神奇的道路上看车子"跳舞"。

【练习】

1874	男子住大桥桥孔里
1254	男子42年吃1500个灯泡
1935	DNA在进化中起重要作用
1251	世界最小的马诞生
1263	郑州网友四大猜想
1726	地震捐赠资金近35亿元

续表

1976	小怪牛有四只眼睛两张嘴
1928	橘片吃得非常爽
1637	老本输了世界记忆锦标赛
2067	非洲鹦鹉会说武汉话
1386	摄影师拍摄海豚
1006	妈妈产下6.4公斤巨婴
1752	大熊猫为求爱苦守9天
1915	荷兰窃贼偷走电视机
1364	男子钓到54斤特大鲤鱼
1237	游客手提包找食物
1086	狒狒拉开车门偷窃

特别篇2

高效记忆法的生活应用

1. 如何记忆购物清单

【例1】

书本、指甲剪、打火机、吹风机、花生油、餐巾纸、手机充电器、糖果、鱼、短裤、糯米鸡、书包、皮带、可口可乐、衣架、彩笔盒、饼干、冰糖、酱油、花椒粉。

记忆方法：书本里画着指甲剪，指甲剪剪短了打火机，打火机点燃了吹风机，吹风机吹走了花生油，花生油泼到了餐巾纸上，餐巾纸包住了手机充电器，充电器夹住了糖果，糖果喂给了鱼吃，鱼游进了短裤，短裤里包着糯米鸡，糯米鸡塞进书包里，书包里装着很多皮带，皮带打中了可口可乐，可口可乐泼到了衣架上，衣架勾住了彩笔盒，彩笔盒里有饼干和冰糖，冰糖放到了酱油里，酱油倒在花椒粉上。

【例2】

围巾、糖葫芦、红豆、皮鞋、花盆、领带、八角、腰果、木耳、水壶、溜冰鞋、手机、电动机、菠萝蜜、面条、蹄髈、香烟、橡皮擦、笔记本、果啤。

记忆方法：围巾缠住了糖葫芦，糖葫芦上有很多红豆，红豆掉进了皮鞋里，皮鞋踩到了花盆，花盆里有领带，领带上有八角和腰果，用腰果炒木耳，木耳扔到水壶里，水壶把水倒进溜冰鞋，溜冰鞋踩到了手机，手机砸到电动机，电动机转动了菠萝蜜，菠萝蜜和着面条，面条缠住蹄髈，蹄髈砸到了香烟，香烟点燃了橡皮擦，橡皮擦擦着笔记本，笔记本上有很多果啤。

2. 如何记忆手机号码

【例1】

13699273918

方法：身体定桩法。

第一步，找身体桩：头、眼睛、耳朵、鼻子、嘴巴。

第二步，分析：36——山鹿；99——舅舅；27——耳机；39——三舅；18——腰包。

第三步，记忆：想象这个人头上有鹿角，眼睛在盯着舅舅，耳朵上戴着耳机，鼻子长得像三舅，嘴巴里叼着腰包。

【例2】

18826289668

方法：连锁串联法。

第一步，分析：88——爸爸；26——河流；28——恶霸；96——旧炉；68——喇叭。

第二步，串联：爸爸去河流遇到了恶霸，恶霸在扔旧炉子，旧炉子砸到了喇叭。

【例3】

15197257739

方法：连锁串联法。

第一步，分析：51——工人；97——酒旗；25——二胡；77——机器人；39——三舅。

第二步，串联：工人把酒旗插在二胡上，二胡送给了机器人的三舅。

【例4】

13241774157

方法：身体定桩法。

第一步，找身体桩：头、眼睛、鼻子、嘴巴、脖子。

第二步，分析：32——扇儿；41——蜥蜴；77——机器人；41——司仪；57——武器。

第三步，记忆：想象这个人头上插着扇子，眼睛盯着蜥蜴，鼻子闻到了机器人的味道，嘴巴在咬司仪，用脖子夹住武器。

3. 如何记忆公交、地铁线路等

【例】记忆公交车线路

岳各庄（红星美凯龙）—梅市口路—青塔蔚园—新园村—北太平路口南—永定路口南—永定路口北—铁家坟南—铁家坟北—阜永路口南—定慧寺东—西钓鱼台—航天桥西—航天桥北—花园桥南—花园桥东—老虎庙—外文印刷厂—四道口东—二里沟西口—郝家湾—二里沟东口—三塔寺—车公庄东—平安医院—平安里路口东—厂桥路口东—北海北门—地安门东—宽街路口东—张自忠路—东四十条—东四十条桥西—东四十条桥东—工人体育场—三里屯—农业展览馆—亮马桥—燕莎桥南—燕莎桥东—安家楼—东风桥东—酒仙桥商场—酒仙桥—将台路口西—高家园—丽都饭店—望京医院—花家地北里—花家地北里西站—大西洋新城南门

方法：连锁串联法。

第一步：词语转化（因为有些词语较为抽象，所以需要转化成形象词）。

岳各庄（红星美凯龙）——岳飞；梅市口路——梅花；青塔蔚园——宝塔；新园村——新园村；北太平路口南——北太平洋；永定路口南、北——永定路；铁家坟南、北——铁家坟；阜永路口南——付勇路（我有个同学叫付勇）；定慧寺东——智慧寺；车公庄东——公车；平安里路口东——平安路；厂桥路口东——长桥路；地安门东——天安门；东四十条——冬月14号；亮马桥——漂亮的马；将台路口西——将军台。

第二步：串联：岳飞摘梅花，梅花长在青色的宝塔上，宝塔在新园村，新园村旁边是北太平洋。北太平洋两边是永定路的南北，永定路的后面是铁家坟，坟墓南北是付勇路，付勇路通往智慧寺，智慧寺东有个钓鱼台，钓鱼台上架着航天桥，航天桥西北是花园桥，花园桥有南瓜和冬瓜。这些瓜送到了老虎庙，老虎庙里是外文印刷厂，印刷厂有四道口子，四道口子很长，有二里沟那么长。二里沟西和东中间是郝家湾，郝家湾在修三塔寺，三塔寺有很多公车，公车属于平安医院。平安医院修了一条平安路，与平安路并列的是一条长桥，所以叫作长桥路，长桥路通往北海。北海对面是天安门，天安门的街道很宽，张自忠曾经路过这里，那天是冬月14号，随后他去了工人体育场。体育场三里外是农业展览馆，展览馆有一匹漂亮的马，这匹马跑到了燕莎桥，先南后东。桥对面是安家的楼房，楼房刮起一阵阵东风，东风吹到了酒仙桥商场，商场起名只因为这里有条酒仙桥，酒仙桥上有个将军台。将军台有个高家园，他们开了个丽都饭店，饭店对面是望京医院，医院是建在花家的地里的，花家地有个西站，西站通往大西洋。

4. 如何记忆日程表

【例1】记忆一名销售经理的一周日程

星期一　　分类整理上周的客户名单

星期二　　打电话回访老客户

星期三　　打电话约新客户

星期四　　拜访新的客户

星期五　　和客户签订销售协议

星期六　　陪新签约的客户打高尔夫球

星期日　　陪女友逛街

记忆方法：数字定桩法。

第一步，找数字编码。

1——蜡烛；2——鹅；3——耳朵；4——帆船；5——秤钩；6——勺

子；7——镰刀。

第二步，对应联想记忆。

蜡烛：想象销售经理一边点蜡烛，一边整理名单，蜡烛的蜡还滴到了客户名单上；

鹅：想象一群鹅在帮我打回访电话；

耳朵：想象耳朵听到新客户的声音很兴奋；

帆船：想象我在帆船上拜见新客户；

秤钩：想象我签了很多新的销售协议，然后拿秤钩在称重量；

勺子：我一边陪新签约的客户打高尔夫球，一边拿勺子喝汤；

镰刀：我陪女友逛街时顺便买了把镰刀。

【例2】记忆一名学生的学习日程表

6：30　起床

6：30—7：00　洗脸、刷牙等

7：00——7：20　跑步

7：20——7：40　吃早餐

8：00——9：00　背语文书

9：00——10：30　做数学题

10：30——11：15　做英语试卷

记忆方法：数字定桩法。

第一步，找数字编码：63——硫酸；70——冰激凌；72——企鹅；74——骑士；80——巴黎；90——酒瓶；103——M103坦克；1115——梯子与鹦鹉。

第二步，联想记忆。

早上起来看到了硫酸，很吓人；

用硫酸洗脸、刷牙，然后吃冰激凌；

吃完冰激凌和企鹅去跑步；

企鹅要吃早餐，和骑士一起吃；

我去巴黎带着语文书，还带着酒瓶；

我躲在酒瓶里做数学题，然后去开M103坦克。

我在M103坦克上做英语试卷，然后站在梯子上抓鹦鹉。

5. 如何记忆演讲稿

【例】各位评委，各位老师、同学们：
大家好！

①很荣幸能再次登上这个演讲台，我对评委和同学们给予我的支持表示由衷的感谢。首先，我做一个自我介绍，我叫×××，现为学生会宣传委员。

②拿破仑说过："不想当元帅的士兵不是一个好士兵。"今天，作为同学们推荐的候选人，我想说：我不仅想做元帅，而且希望成为一名出色的、能为大家谋利益的元帅——学生会主席。我自信在同学们的帮助下，能够胜任这项工作，正是由于这种内驱力，当我走向这个讲台的时候，跨步格外高远！

③假如我竞选上了学生会主席，首先要致力于自身素质的进一步完善。对于我自身来说，首先要提高对工作的热情度，使自己始终以一种积极的心态面对各种工作。其次，要提高责任心，认真负责地做好每一项工作。举个例子来说，我们学生会的一些干部，几乎每天都参与值日，很让我感动。他们这种强烈的责任心，使我钦佩不已，因此我也要努力做到他们那样。此外，还要进一步提高处理学习和工作矛盾的能力，努力做到工作学习两不误。

④假如我当选此届学生会主席，我要召开一次全体学生会干部会议，总结上届学生会留下的宝贵经验，将其优良传统继续发扬下去，同时也要找出他们存在的不足，努力改正，例如在会员的思想培训方面，我将在学校领导的帮助下，努力提高此届会员素质，加强他们对学生会组织的认识，有时间

找他们多谈心、多交流，把全体成员带动起来心连心，共同撑起一片崭新的天空。

⑤假如我就任了此届学生会主席，我将和全体成员一道，自始至终遵循"回报学校、回报学生"的原则。就职期间，我们将在有限的条件下，增加一些必要的管理制度，同广大师生多开展一些讨论、对话会，设立意见箱，广泛听取他们的意见，与风华正茂的同学们一道，发出青春的呼喊。我们将努力使新的学生会成为学校领导与学生之间沟通心灵的桥梁，成为师生间的一条纽带，成为敢于反映学生意见要求、维护学生利益的组织，成为一个名副其实的团体。

⑥是金子就要闪光，敢说敢做不正是各位评委期待的新一届学生会带头人的精神风貌吗？请各位评委相信我、支持我，为我投上你们宝贵的一票！

记忆：

第一步，分析文章，找出关键词并总结段落要点。

第一段，问候；第二段，表达强烈竞选意图；第三段，入选后政策；第四段，入选后政策；第五段，入选后政策；第六段，拉票。

第二步，根据相应的段落内容和关键词绘制思维导图。

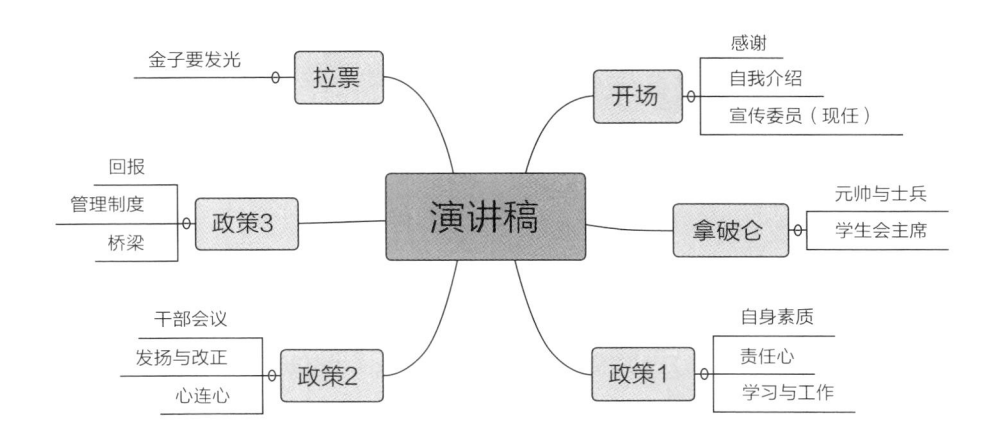

第三步，根据记住的思维导图发挥即可。